ルイ・ヴィトンの法則

2007年8月16日 第1刷発行
2008年3月13日 第4刷発行

編著者 長《なが》沢《さわ》 伸《しん》也《や》
発行者 柴生田晴四
〒103-8345
発行所 東京都中央区日本橋本石町1-2-1 東洋経済新報社
電話 東洋経済コールセンター03(5605)7021 振替00130-5-6518
印刷・製本 東洋経済印刷


Printed in Japan ISBN 978-4-492-50171-9 http://www.toyokeizai.co.jp/

## 執筆者紹介

### ●長沢 伸也（ながさわ しんや）――編著者

早稲田大学ビジネススクール（大学院商学研究科ビジネス専攻）MOT専修教授。

1955年9月21日新潟市生まれ。1978年早稲田大学理工学部工業経営学科卒業、1980年同大学大学院理工学研究科機械工学専攻博士前期課程修了。1995年立命館大学経営学部教授などを経て、2003年早稲田大学ビジネススクール（大学院アジア太平洋研究科国際経営学専攻。2007年改組により大学院商学研究科ビジネス専攻）MOT専修教授、現在に至る。2004年早稲田大学戦略デザイン研究所長（併任）。工学博士（早稲田大学）。専門は新商品・新事業開発マネジメント論および方法論、感性工学、環境ビジネス。日本感性工学会（副会長、理事、感性商品研究部会長、第8回日本感性工学会大会実行委員長）、商品開発・管理学会（理事）などの会員。デミング賞委員会委員。ジャスダックIR優秀企業表彰委員会委員。2001年度日経品質管理文献賞受賞。2002年度日本感性工学会出版賞受賞。2003年度日本感性工学会論文賞受賞。Best Paper EcoDesign 2003 Award受賞。2005年度日本感性工学会出版賞受賞。ウェステック大賞2006出版・情報通信部門賞受賞。2006年度日本感性工学会出版賞受賞。

主な著書として、『経験価値ものづくり――ブランド価値とヒットを生む「こと」づくり』(編著、日科技連出版社、2007年)、『老舗ブランド企業の経験価値創造――顧客との出会いのデザイン マネジメント』（共著、同友館、2006年)、『ヒット商品連発にみるプロダクト・イノベーション――キリン「ファイア」「生茶」「聞茶」「アミノサプリ」ブランド・マネジャーの言葉に学ぶ』(共著、晃洋書房、2006年)、『ヒットを生む経験価値創造――感性を揺さぶるものづくり』（編著、日科技連出版社、2005年)、『ホンダのデザイン戦略経営――ブランドの破壊的創造と進化』（共著、日本経済新聞社、2005年。韓国語版『HONDA NO DESIGN SENRYAKU KEIEI』(Park Mi Ok訳、Human & Books（ソウル)、2005年))、『キリン「生茶」・明治製菓「フラン」の商品戦略――大ヒット商品誕生までのこだわり』(共著、日本出版サービス、2003年)、『ブランド帝国の素顔 LVMH モエ ヘネシー・ルイ ヴィトン』（日本経済新聞社、2002年。中国語版『LV時尚王國――全球第一名牌的購併與行銷之祕』（鄭雅云・劉錦秀譯、商周出版（台北)、2004年))、『おはなしマーケティング』（日本規格協会、1998年)、『Marketability of Environment-Conscious Products : Application of “Seven Tools for New Product Planning”』（共著、Koyo Shobo、2007年）ほか多数。

### ●大泉 賢治（おおいずみ けんじ）

早稲田大学経営管理学修士。大手企業勤務。ファッション関係の学会にて積極的に研究発表を行っている。

### ●前田 和昭（まえだ かずあき）

立命館大学経営学修士。難関国家試験に挑戦しながら執筆等で活躍。

# 用語集

人名・固有名詞

### ■アレキサンダー・マックイーン　Alexander McQueen

1969年、ロンドン生まれ。1993年にロンドンのファッション界で頭角を現した。すでにマックイーンは、カッティング技術に関しては若手随一と評価されていた。その名は、ヴィヴィアン・ウエストウッド、ジョン・ガリアーノに続く３人目の大物デザイナーと、早くからロンドンでも呼び声が高かった。先鋭的なデザインと、向こうっ気の強い不遜な態度ともあいまって、つけられた渾名は“恐るべき子供”。

マックイーンのジバンシィは、1997年から４年半ほど続いたが、彼の個性とジバンシィの伝統が折り合わず、ジュリアン・マクドナルドに交代（その後、リカルド・ティッシに交代）。現在はマックイーンのブランドは、2000年末にグッチが株式の過半を取得してグッチ傘下に入り、2002年春夏よりパリ・コレクションに参加する。

### ■イヴ・サンローラン　Yves Saint-Laurent

正しくは、イヴ・アンリ・ドナ・マチュー＝サンローラン。YSLと略記。1936年、フランス領だったアルジェリアに生まれる。1953年、IWS（国際羊毛事務局）のコンクールで３部門の最優秀賞と大賞を受賞。1955年にクリスチャン　ディオールに入る。オートクチュール全盛の1957年に、弱冠21歳にして、クリスチャン・ディオールの後継者となった天才肌のデザイナー。

サンローランは、兵役後、クリスチャン ディオールのメゾンに戻れなかったのを機に、盟友ピエール・ベルジュとともに、1962年にはオートクチュール・メゾンを開いた。オートクチュール御三家といえば、ディオール、シャネル、イヴ・サンローランである。その後は、「モードの帝王」と呼ばれたサンローランも、往時の輝きを失い、1993年には自身のブランドがPPR（ピノー・プランタン・ルドゥート）に買収され、現在はグッチの傘下に。サンローラン自身も、2002年に引退を表明。国民的デザイナーは、惜しまれながら現役を退いた。アメリカ出身のトム・フォードがグッチでイヴ・サンローラン リヴ・ゴーシュを引き受けたが、2003年11月に辞任し、後継者は同ブランドのレディス・デザインディレクターを務めていたステファノ・ピラーティが引き受けた。

**■エルメス　Hermès**

エルメスはルイ・ヴィトンより17年前の1837年、ティエリ・エルメスがパリのランパール通りに高級馬具の製造工房を開業する。

まずは上級階級や馬具の愛好家に認知され、ナポレオン３世帝室御用達を拝命される。さらに1867年の万国博覧会に出展した鞍が銀賞に選定されたことにより、宮廷および万国博覧会といった公式な場での認知がエルメスの付加価値を一気に上げることとなる。

1879年、２代目シャルル・エミール・エルメスが工房を現在のフォーブル・サントノーレ24番地に移転し、鞍の製造、卸、さらには小売機能も果たす鞍屋として構える。以来、当地は世界の憧れとなり、現在でもパリでのコレクションは主にここで発表されている。

この頃、エルメスは第２回パリ万博の馬具部門で金賞を受賞し、さらに名声を確立していく。1892年には「オータクロア」を発売し、のちに女優のジェーン・バーキンのリクエストを加え、縦横比を変えて誕生したのが世の女性の憧れ、「バーキン」である。

3代目エミール・モーリス・エルメスはヨーロッパの王侯貴族を顧客に獲得したあと、サンクト・ペテルブルグまで出向いてロシア皇帝への馬具の売り込みに成功する。世界を相手にする馬具商としての地位を確立するが、馬車全盛時代が幕を閉じようとしていた。アメリカでフォードが車の大量生産を始めると、自動車時代の到来を予見し、1923年に馬具以外に婦人バッグや財布、革小物の製造・販売を開始し転換期を迎える。あくまで馬具製造の伝統技術を活かしながらファッション部門への多角化戦略に転進を図ったのだ。

1935年には「サック・ア・ロア」という、「オータクロア」のハンドバッグタイプを発表する。モナコのグレース王妃（元女優のグレース・ケリー）が妊娠を隠すために、当のバッグでお腹を押えた写真が撮影され、以来、「ケリーバッグ」と呼ばれるようになったことはあまりにも有名。1937年には、第1号のスカーフを発表し、1945年より「四輪馬車と従者」の商標が使われ出す。そのほか、時計やアクセサリー、香水等にも進出し、特にスカーフとバッグにおけるエルメスの不動の地位を築き上げ現在に至る。04―05秋冬コレクションより、98―99秋冬から2004年春夏までレディス・プレタポルテを担当していたマルタン・マルジェラが辞任し、ジャン＝ポール・ゴルチェが担当している。

**■グッチ　Gucci**

1922年、グッチオ・グッチがフィレンツェに皮革製品の輸入販売店を開いたのが始まり。開店後、自前で馬具をモチーフにした皮革製品を生産するようになり、1930年代後半にファシスト政権下の物不足の時代に麻や竹の素材を使うようになり、1947年にバンブーバッグ、1952年にビットモカシンが登場した。1953年にはニューヨーク5番街に出店して戦後アメリカのステータスアイテムとなり、一時隆盛を極めた。しかし、グッチ一族にお家騒動が持ち上がり、殺人事件まで起こって経営が傾いていった。

その後、中東資本の投資会社インヴェストコープに投資の標的として株を買い集められ、グッチ一族は経営から退く。インヴェストコープは、トム・フォードを迎えて活性化を図るとともに、ドメニコ・デ・ソーレを社長に据え、経営を立て直すと、株式を上場して売り抜けてしまった。その後も、グッチは投資の標的とされ、プラダやLVMHも株を買い集めた。

現在は、PPR（ピノー・プランタン・ルドゥード）の傘下にあり、イヴ・サンローランやバレンシアガ、アレキサンダー・マックイーン、ステラ・マッカートニーなどの有力ブランドを抱える一大ブランド・コングロマリットを形成している。グッチ再建の立役者であるドメニコ・デ・ソーレ社長兼最高経営責任者とクリエイティブ・ディレクターのトム・フォードの退任により選任された、2004年からの後継者は、ユニリーバのアイスクリーム、冷凍食品カンパニーのロバート・ポレット社長と3人のディレクター（レディスウェア：アレッサンドラ・ファッキネッティ、メンズウェア：ジョン・レイ、アクセサリー：フリーダ・ジャンニーニ）が選任された。2005年からはレディスウェア、2006年からはメンズウェアとすべてフリーダ・シャンニーニが担当している。

■クリスチャン ディオール　Christian Dior

ムッシュ・ディオールは1905年、フランスのノルマンディの裕福な事業家の家庭に生まれる。両親の希望で外交官を志望し、大学では政治学を学ぶとともに、在学中に多くの文化人と交流。だが、卒業後は画商の道を歩む。そこで、「コットン王」とも呼ばれたマルセル・ブサックと出会い、デッサンを認められて1946年に自身のメゾンを創立。1947年には、40歳を越える遅咲きながら、初のコレクションを発表。伝説ともなっている「ニュールック」など斬新なデザインで戦後のモード界をリード。翌1948年には早くもニューヨークに店を出すなど、破竹の勢いで世界中の女性を魅了していった。ディオールのメゾンは急成長し、創立後10年とかからずに従業員1,000人規模にまでなった。しかし、絶頂期の1957年に心臓発作で急逝。その影響は大きく、国を挙げてその死を惜しんだ。

一大メゾンを引き継いだのは、21歳の天才デザイナー、イヴ・サンローランである。しかし、ブサックとの行き違いもあり、和解金を得てサンローランは独立。その後、1960年からマルク・ボアンが長らくこのブランドを率いた。1989年ボアンからジャンフランコ・フェレに交代、そして1997年より鬼才、ジョン・ガリアーノがチーフデザイナーを務めている。

01—02秋冬からエディ・スリマンがクリエイティブ・ディレクターを務め、2007年4月にエディ・スリマンの後任としてクリス・ヴァン・アッシュがアーティスティック・ディレクターに就任したディオール オム（メンズ）、表参道店や銀座店のオープンと、話題に事欠かない勢いのあるブランドである。

■**クロエ　Chloé**

創業は1952年、マダム・ギャビー・アギヨンによって設立された。ブランドの名前の由来は、ロンゴスの古代小説「ダフニスとクロエにまつわる牧人風のレスボスの物語」を原作としたバレエ音楽「ダフニスとクロエ」である。

クロエの高級プレタポルテは贅沢なオートクチュールの基準を意

識したエレガントなものであり、ファッション界に新たな風を吹き込んだ。1963年、創業家がヘッドデザイナーとしてカール・ラガーフェルドを任命。1970年にはクロエ社とコロネット商会が、ライセンス契約を結ぶ。

1985年には、スイスの高級ラグジュアリーグループ、リシュモンがクロエを買収。その後、マルティーヌ・シットボン、ふたたびカール・ラガーフェルドなどをデザイナーに迎え、1998年春夏より、26歳のステラ・マッカートニーがクリエイティブ・ディレクターに就任。若々しい感性でショーは大成功を収める。2002年春夏より、ステラの親友でアシスタントであったフィービー・フィロが昇格してクリエイティブ・ディレクターを務めたが2006年１月に退任した。07―08秋冬から「マルニ」のデザイン・ディレクターだったパウル・メリム・アンダーソンが担当している。

■ジャン－ポール・ゴルチェ　Jean-Paul Gaultier

1952年、パリ近郊のアルクイユに生まれる。当時の一流デザイナーたちに、自分のデッサンを送り続け、18歳でピエール・カルダンに採用された。１年間、アシスタントとして勤務したあと、ジャック・エステレルのもとで経験を積み、ジャン・パトゥのメゾンでは、ミシェル・ゴマ、アンジェロ・タルラッチのアシスタントをする。以後、カルダンのメゾンへ戻り、独立してフリーランスに。

1976年、ジャンポール・ゴルチェの名でプレタポルテ・コレクションを発表。1978年には、オンワード樫山と提携し、本格的な活動を展開。当時の作風は、モード界のさまざまな規範に反旗を翻したものが多く、空き缶のブレスレットや、サテンのビスチェにビニールのパンツを合わせた作品など、素材間に存在するヒエラルキー（秩序）を揺さぶるものが多い。

1980年代半ばからは、男女のセクシャリティーへの問題提起をテーマにした作品が増える。1984年春夏のメンズ・コレクションでは、「オム・オブジェ」を発表し、観られる対象としての男性を強調している。レディスでも、マドンナのワールド・ツアーで有名なコーン・ブラをはじめ、SM的なボンデージ・ファッション、フェティシズムを喚起するコルセット・ドレスなど、セクシャリティーを強烈に表現した作品が多い。1997年にはオートクチュールへ、2004年秋冬からはエルメスのレディス・プレタポルテを担当している。

**■ジュリー・ヴァーフーヴェン（ヴァーホーヴェンとも表記）**
**Julie Verhoeven**

2002春夏「コント・ドゥ・フェ」Conte de Féesを手がけた。イギリス出身。イラストレーター、ファッションデザイナーとして活躍。ジョン・ガリアーノ、マルティーヌ・シットボンのアシスタントを経たのち、2003年にファッションブランド「GIBO」のデザイナーとしてデビュー。

**■ジョン・ガリアーノ　John Galliano**

正しくは、ホアン・カルロス・アントニオ・ガリアーノ。1960年、イベリア半島の南端、イギリス領ジブラルタルに生まれる。父はイギリス人で配管工。母はスペイン人で趣味はフラメンコ。1966年に一家でロンドンに移住する。

劇場の衣装係などで働きながら、1978年からロンドンのセント・マーチンズで学び、1984年に首席で卒業。卒業制作で、「アンクロワイヤブル（信じられない！）」をテーマにコレクションを発表して話題に。有名ブティックのブラウンズがこれをすべて買い取り、その店のショーウィンドウに飾ったという。その勢いを駆ってすぐに自分の名でデザイン活動を開始した。

　1987年には、ブリティッシュ・デザイナー・オブ・ザ・イヤー受賞。90―91秋冬よりパリでプレタポルテ・コレクションを発表。1996年春夏からジバンシィ、次いで1997年春夏からクリスチャンディオールに移籍し、オートクチュールとレディス・プレタポルテのチーフデザイナーを務め、一躍ブランドの若返りと人気ブランド再興の成功を実現させる。

**■スティーブン・スプラウス　Stephen Sprouse**
　2001春夏「グラフィティ」の文字デザインを担当。9歳のころから服飾デザインを始め、1983年にニューヨーク・ソーホーで開店。ニューヨークのポップカルチャーの中心人物であった。絵画・イラスト、服飾デザイン、製品へのペイントのグラフィティーアートの方面で活躍。2003年春に死去。享年50歳。

**■ステラ・マッカートニー　Stella McCartney**
　元ビートルズのポール・マッカートニーの娘。1971年生まれ。セント・マーチンズ卒業後の1995年、ステラ・マッカートニーを始める。好評を博してクロエに招かれた。前任のデザイナーは、“モードの帝王”カール・ラガーフェルドであった。当初は「“ロックミュージシャン”のマッカートニーは知ってるけどね」とラガーフェルドも手腕に疑問を呈し、メディアも著名人の娘を好意的に扱わなかった。しかし、手腕は徐々に認められ、存在感を増すことに成功した。1998年春秋から4年間クロエのクリエイティブ・ディレクターを務めた後、グッチ・グループに移り自身のブランドに注力している。

**■セブン・デザイナーズ（以下7名）　Seven Designers**

1996年4月に、経営陣ジャン－マルク・ルビエの意向で登場した当代の人気デザイナー7名による競作。

**・アイザック・ミズラヒ　Issac Mizrahi**

モノグラムの小型ポーチつき透明バッグを製作。

1961年ニューヨーク・ブルックリン生まれ。アパレル関係の仕事をしている父の影響で幼少から洋服に興味を持ち、6歳のときにミシンを買ってもらう。パーソンズ・デザイン学校から、ペリー・ハウスのデザイン・ハウスに入社し、ジェフリー・バンクス、カルバン・クラインで働く。1988年にアトリエを開店。1989年にCFDAペリー・エリス賞受賞。1998年に一度引退したが、2003年にカムバック。俳優として、マイケル・J・フォックス主演の『バラ色の選択（1993年）』などに出演。彼についてのドキュメンタリー映画『アンジップト（1994年）』もある。ほかに自身のテレビ番組も持つ。

**・アズディン・アライア　Azzdine Alaia**

豹柄で包んだポーチと、同じく豹柄のコンパクトやリップなど、ゲラン提供の化粧品のセットを製作。

チュニジア出身。1950年代の終り、20代からギ・ラロッシュで修行。1980年に独立し、1980年代のボディコンシャスの始祖になった。

**・ヴィヴィアン・ウエストウッド　Vivienne Westwood**

ヒップバッグを製作。名前は「サック・フォ・キュ」。

本名ヴィヴィアン・イザベル・スウェア。「パンクの女王」。1941年イギリスのダービーシャー州生まれ。17歳のときにロンドンへ移住。1971年にパートナーであったマルコム・マクラーレンとキングスロード430番地に『LET IT ROCK』を開店。新作発表のつど、店の名前と内装をガラッと変え、1972年には『Too Fast to Live, Too Young to Die』、1974年には『SEX』、1976年には『Seditionaries』となった。その店の常連のロック少年を、マクラーレンがプロデュースし、パンクバンド『セックスピストルズ』が誕生した。1981年にマクラーレンと別れ、店名を『ワールズ・エンド』に変え「パイレーツ」コレクションで人気を博す。パンク文化から離れてから、伝統的で古典的要素を持つデザインをするようになったが好調である。1990年代の厚底靴ブームなどで存在感を示した。

**・シビラ　Sybilla**

折り畳み傘を挿せるリュックサック、名前は「ショッピング・イン・ザ・レイン」を製作。

1963年ニューヨーク生まれ。父はアルゼンチン人、母はポーランド人。7歳のときに家族とマドリッドに移住。1980年から2年間イヴ・サンローランのアトリエで修行し、1983年マドリッドで初のコレクション。1985年の85―86秋冬期からプロとして活躍。作品はフィット感と色使いで人気があり、寝具も人気。

日本ではイトキンが販売を預かっている。

**・ヘルムート・ラング　Helmut Lang**

DJのためのレコードケースを製作。

オーストリア出身。1977年ウィーン発のブランド。1984年からプレタポルテを始め、1986年からパリのレディス・コレクションに参加。のちにニューヨークに拠点を移す。1980年代のボディコンシャスで派手なものが主流であったころから、シンプルな服を作っており、「ミニマリズムの旗手」といわれる。自身のブランドは、1999年にプラダ・グループに株式の51%を売却し、2005年1月には創業デザイナーでありながら辞任した。2006年、日本のリンク・セオリー・ホールディングスが商標権を買収し、新デザイン・ディレクターにマイケル&ニコル・コロヴォス夫妻を起用した。

**・マノロ・ブラニック（ブラニクとも表記）　Manolo Blahnik**

シューズケースを製作。

1942年スペインのキャナリー諸島サンタクルーズ生まれ。ロンドンとミラノを拠点にして活躍する靴デザイナー。その繊細なヒールは他に類例がない。ジュネーヴの大学で文学を学び、その後、パリで舞台美術をしようと学んでいたが、才能を見出され靴デザイナーになった。1973年にロンドンに開店。

**・ロメオ・ジリ　Romeo Gigli**

ラグビーボール形に近い巾着タイプのショルダーを製作。中身を抜くと棒状にまで萎む。

1983年にミラノでデビュー。1987年からパリでコレクションを発表している。

**■セリーヌ　Celine**

1945年、女性実業家セリーヌ・ヴィピアナが、夫とともに開いた子供靴専門店に始まる。その品質は、パリの皮革職人の技術を活かしたもので、上流階層を中心に支持を集めてゆき、メゾンの成長とともに扱う品目を増やしていった。1959年に婦人靴、1965年に香水とスカーフ、1966年にハンドバッグ、そして1967年にプレタポルテを始めた。ハンドバッグを始めた1960年代後半には、馬車の柄とバックルのバッグ「サルキー」や、馬具の金具をモチーフにしたモカシンで一躍人気ブランドとなり、ミラノのグッチの向こうを張るブランドまでにのし上った。

1987年、ベルナール・アルノー率いるフィナンシエール・アガッシュ（現LVMH）が、セリーヌを買収。ナン・ルジェ社長のもとで経営改革を断行した。1997年よりプレタポルテのチーフデザイナーはマイケル・コース。1999年2月よりコースの役職名はクリエイティブ・ディレクターとなる。2005年春夏より05—06秋冬までアメリカ生まれのイタリア人で、ジル・サンダーやバーバリー・プローサムを経たロベルト・メニケッティがクリエイティブ・ディレクターを務め、現在はクロアチア出身のイヴァナ・オマジックに交代している。

■ダナ・キャラン　Donna Karan

1948年、アメリカ・ニューヨーク生まれ。著名デザイナーを多数輩出してきた名門、パーソンズ・スクール・オブ・デザイン卒業。パーソンズ在学中より、アン・クラインのアシスタントデザイナーを務める。クラインの死後、チーフデザイナーとなる。

1985年、夫のステファン・ワイスとダナ・キャラン・ニューヨークを設立。以後、デザイナー・オブ・ザ・イヤーなど数多くの賞を受賞。キャリアウーマンのための服として、定番となった「ダナ・キャラン」とともに、よりカジュアルなセカンドラインとして「DKNY」等を揃える。2001年にはLVMHに買収され、傘下に入った。

■ナルシソ・ロドリゲス　Narciso Rodriguez

1961年、アメリカ・ニュージャージー州生まれのキューバ系アメリカ人。1982年、多くの才能を生み出したアメリカの名門、パーソンズ・スクール・オブ・デザインを卒業。1985年からアン・クライン、1991年からはカルバン・クラインのアシスタントを務めた。さらにセルッティのディレクターなどを経て、みずからのブランド、ナルシソ・ロドリゲスを始める。98—99秋冬から4年間、ロエベと契約。ロエベのイメージを改革することに貢献した。2002年以降ロエベとの契約を更新せず、みずからのブランドに注力している。

**■ニコラ・ゲスキエール**　Nicholas Ghesquiere

1971年、フランス生まれ。ジャンポール・ゴルチェのアシスタントや、ティエリー・ミュグレーのニットウェア・コンサルタントなどを経て、26歳のときにバレンシアガのヘッドデザイナーになった。バレンシアガは2001年にグッチ・グループの傘下となる。

**■秦郷次郎**　Hata, Kyojiro

慶応義塾大学経済学部卒業。ダートマス大学エイモス・タック ビジネススクールでMBA取得。1977年、会計事務所のピート・マーウィック・ミッチェルのコンサルタントとしてヴィトン家に日本での販売を提案した。その後のルイ・ヴィトンの日本での躍進の立役者。一時はルイ・ヴィトン ジャパンの社長をはじめ、LVMH ファッショングループ ジャパン社長、セリーヌ、フェンディ、ヴーヴ・クリコ、ロエベ、ケンゾー、ベルルッティ、ジバンシィ、モンテーニュの各ジャパン社長、クリスチャン ディオールの日本法人会長を兼ねていた。2006年5月、藤井新社長に交代した。なお、2007年4月より、LVMH モエ ヘネシー・ルイ ヴィトン・ジャパン株式会社のエマニュエル・プラット代表取締役社長が兼任。秦は現在、秦ブランドコンサルティング代表取締役である。

**■バレンシアガ　Balenciaga**

クリストバル・バレンシアガは1895年、スペインのバスク地方の漁村ゲタリア生まれ。お針子をしていた母親の影響で、幼い頃から仕立に興味を持ったため、裁断と縫製は独学という。若くから頭角を表し、15歳で独立。写真家セシル・ビートンは「クチュール界のピカソ」と呼んだ。スペインにエーザという3店のメゾンを開くもスペイン革命で消失、倒産に追い込まれる。その後、ロンドンを経て1937年、パリにてメゾン、バレンシアガを開き、一流デザイナーと認知される。その後「ゲピエ・ルック」「バレル・ルック」などを発表。人前に出たがらず、宣伝嫌いでもあった彼はジャーナリストの横暴を避けて、1956年以降、プレスをシャットアウトしたが、新聞、雑誌は「デザイナーの王様」という讃辞を呈し続けた。プレタポルテ時代の到来により、1968年、30年余の伝統あるメゾンを閉鎖し、モード界から引退。引退の名言「プレタに乗り出すには、あまりにもクチュールを知り過ぎた」は、業界で印象深く記憶されている。

1973年、彼の死去後、弟子の一人、フェルナンド・マルチネス（スペイン人）がパリの同じ場所でプレタポルテ「バレンシアガ」をオープン。その後、1986年にミッシェル・ゴマ、1993年からは、ジョセフュス・メルキオール・ティミスターがデザイナーを務めた。現在では、ゴルチェのメゾンで経験を積んだフランス人デザイナー、ニコラ・ゲスキエールが主任デザイナーとして就任している。

**■ベルナール・アルノー　Bernard Arnault**

1949年、フランス北部の都市ルーベに生まれる。1971年、グラン・ゼコールのエコール・ポリテクニークを卒業。家業の建設会社フェレ・サヴィネルに入社。1974年には若くして社長になる。1982年から1984年までアメリカに暮らしてアメリカ式の経営を学び、帰国。その後、クリスチャン ディオールを手中に収めるため、ブサック・サンフレールを買収し、持ち株会社フィナンシエール・アガッシュを設立。そしてLVMH モエ ヘネシー・ルイ ヴィトンを買収し、社長に就任。傘下に50以上の高級ブランドがひしめき合う巨大ブランド帝国を築き上げた。

業容の拡大とともに、メセナ活動にも積極的で、パレ・ロワイヤルの庭園修復事業などに取り組む一方、ピカソやセザンヌをはじめとする絵画展の協賛も行っている。こうしたことを評価され、国家功労勲章のシュバリエを受けている。私生活では、ショパンを好み、ピアノの腕は相当のもの。夫人はカナダ出身のピアニストである。

**■ボッテガ・ヴェネタ　Bottega Veneta**

1966年、イタリア・ヴィチェンツァ（Vicenza）の丘陵地帯で創立された、イタリア・ヴェネト（Veneto）地方の熟練した革職人の伝統に深く根ざしている高級皮製品ブランド。ボッテーガ（工房）の名のとおり手作業による靴作りを行い、籠網に着想を得た手作りによるバターのような滑らかななめし革の革紐を用いた編み込みバッグ「intrecciato」や、茶と黒の生地を合わせたマルコ・ポーロのシリーズ、ポインテッド・ヒールが有名。その丁寧に作られた革は「シルクのようだ」と評する人もいる。革紐で編まれたサンダルは、柔らかく、履くとその人の足型に合わせて伸び、軽やかにフィットする。

2001年2月、グッチが78.5%の株を取得しグッチ・グループの傘下に入り、クリエイティブ・ディレクターにエルメスやソニア・リキエル・オムでのデザイナー経験とスイムウェアなどのデザインで知られていたドイツ生まれのオーストリア人、トーマス・マイヤー（Tomas Maier）が就任。ランウェイショーを中止するとともに、一気に知名度がアップする。マイヤーは重厚なブランドに彼の革新的なスタイルを持ち込み、21世紀に向けての舵を切った。

■マーク・ジェイコブス　Marc Jacobs

1963年、ニューヨーク生まれ。15歳ですでにショップで服が売られていたという早熟。1984年にはペリー・エリス・ゴールドシンブル（金の指貫き賞）を受賞して時代の寵児となる。1985年に初コレクションを発表。1987年にはペリー・エリス賞（新人デザイナー賞）を史上最年少の24歳で受賞。1988年、パーソンズを卒業すると、若くしてニューヨークを代表するデザイナーであるペリー・エリスの後継者となる。しかし、保守的なエリスの顧客にはマークのデザインは受け入れられず、契約途中で解雇。しばらく活動休止後、1997年にルイ・ヴィトンのアーティスティック・ディレクターに就任。新しいルイ・ヴィトンを作り続けている。このほか、マーク・ジェイコブス、マーク by マーク・ジェイコブスなど自身のブランドも手掛けている。

■マイケル・コース　Michael Kors

1959年、アメリカのニューヨーク州ロングアイランド生まれ。1981年からニューヨークで活動し、実用性の高い服で高い評価を獲得。同じく“NYのシティ派”と呼ばれるマーク・ジェイコブスよりも、手堅いデザインに特徴がある。1997年にはセリーヌのチーフデザイナー、1999年よりクリエイティブ・ディレクターを務め、2004年退任。現在は自身のブランド、マイケル・コース、マイケル・マイケル・コースに注力している。

**■村上隆　Murakami, Takashi**

2003春夏に、商品シリーズとしては、「モノグラム・マルチカラー」Monogram Multicolor、「アイ・ラブ・モノグラム」EYE LOVE MONOGRAM、「モノグラム・チェリーブロッサム」Monogram Cherry Blossom、「モノグラム・チェリーブロッサム・サテン」Monogram Cherry Blossom Satin、「ムラカミ・キャラクターズ」Murakami Charactersを手掛けた。同時に、村上隆×ルイ・ヴィトン展をニューヨークで開催。パリ・モンテーニュ大通りのLVMH本社正面入口に村上デザインの人形が左右一対置かれていた。

日本画とアニメ絵の平面の面白さについて、「スーパーフラット」という言葉を成立させた。その、西洋にはまったく存在しない視座からの作品で、海外で非常に評価されている。未確認情報ながら、マーク・ジェイコブスは、『HIROPON』（クリスティーズにて38万ドル・約4,860万円で落札されたフィギィア。その後の作品『Miss ko 2』は50万ドルの値が付いた）を見てファンになったそうだ。「スーパーフラット」という彼の造語は、「深みがない」などの意味合いが付加されつつ、2000年頃に流行した。

「GEISAI」でオタクたちに発表の場を与えてくれたが、某美術館にザクを飾るなどして、オタク文化に直射日光を当てるためにオタクたちに畏怖されつつ尊敬されている。

1993年に東京芸術大学大学院日本画科博士号取得。論文は「意味の無意味の意味」。アーティスト集団Kaikai Kikiを主宰。有限会社カイカイキキ代表。「GEISAI」を開催。著作に『SUPER FLAT』（マドラ出版、2000年）など。

■ルイ・ヴィトン・マルティエ（LVマルティエ）
Louis Vuitton Malletier

初代ルイ・ヴィトンによって1854年に設立されたフランスの旅行鞄の老舗。ルイ・ヴィトン ジャパンの親会社にあたる。マルティエとは、フランス語で“トランク製造職人”を意味する。マーク・ジェイコブスが1997年にアーティスティック・ディレクターに就任している。

■ロエベ　Loewe

ドイツ人の皮革職人エンリケ・ロエベが1846年に始めたスペインの高級皮革製品の老舗。LVMH傘下になって以後、プレタポルテも手がけるようになり、チーフデザイナーはナルシソ・ロドリゲスを経て、02—03秋冬よりホセ・エンリケ・オナ・セルファが務めている。

■ロバート・ウィルソン　Robert Wilson

2002クリスマス「ヴェルニ・フルオ（Vernis Fluo）」を手がけた。フルオ発表当時は、ニックネームのボブで、「ボブ・ウイルソン」の名前で登場。アメリカ屈指の舞台演出家で、日本では「浜辺のアインシュタイン」と、オペラの「ヴォツェック」などで知られる。2005年の「愛・地球博」にも、イベント演出として参画している。

一般名詞・商品名

■アルカンタラ

バッグの裏地に使われている、スエード調の素材のこと。

■ヴァニティ・スター

アメリカAIDS基金（American Foundation for AIDS Research）に収益金を寄付しようという企画で、シャロン・ストーンとルイ・ヴィトンとの共同デザインの品である。それで、この商品シリーズの型の名前はアムファー（amfAR）で、Ⅲまである。内部には「DESIGN BY SHARON STONE」との文字と彼女のサインが刻印されたヌメ革がついている。１番目の品は生産数が少なかったため、現在見つけられるのはⅡかⅢであろうが、それも稀少である。

■ヴィジョネア

ハーパース・バザー出身のステファン・ガンが始めたニューヨークのヴィジュアル雑誌「ヴィジョネア」に二度協賛しており、ルイ・ヴィトン謹製豪華付録つきの号があった。

18号はモノグラムのエンベロップに雑誌が入っているもの。

30号では、「The Game」をテーマにして、モノグラムが施されたフレキシグラスのケースに入った、木製の16個の立方体の面を並べて絵を作るパズルが入ったもの。ルイ・ヴィトンカップの参加７カ国をモチーフにしており、日本バージョンは奈良美智のイラストがパズルの図案になった。フランスバージョンはヌードの男性が自転車にまたがっているカール・ラガーフェルドの写真が使われた。

■エキゾチックレザー

最高級品として、アリゲーター、オーストリッチ、リザードなどの高級素材を職人が細心の心配りで仕上げるライン。1996年登場。

■エピ

麦の穂をイメージしたラインで、日本では1986年から登場。最高級のレザーを用い、グレイン（型押し）の表面への着色によるツートン効果が美しいラインである。

■オートクチュール

コレクションにはオートクチュールとプレタポルテがあり、オートクチュールが芸術的な面に力点を置くのに対し、プレタポルテは商業面に力点を置く。オートクチュールは元来、クチュリエによる特定のVIP顧客に対するオーダー服であり、金銭面は二の次的で、最高峰の素材と最高峰の技術、最高峰のデザインの集大成である。

1900年のパリ万国博覧会の「エレガンス館」でシャルル・フレデリック・ウォルトなど選ばれたモードハウスが、舞台女優をモデルに起用し、豪華な作品を披露して以来、デザイナーたちの台頭により、パリは20世紀のファッションの中心地となった。

このウォルトはイギリス人であったが、ロンドンの紡績工場で修行後、20歳のときにパリへ渡った。1858年にクチュールハウスを創設し、芸術家が作品に署名を残すように、自分の作品にサインを入れることを思い立った。さらに毎年１回新しいコレクションを発表し、モードにいつも一定の変化を取り入れ、売上を伸ばすようにした。これは現在のデザイナーの利益につながる画期的な変革であり、フランスのオートクチュールの基礎が、この時代に成立した。

■カード・スロット
財布などのカード入れ。

■カデナ
南京錠、鍵、スペアキーの３点セットのこと。

■ギャザーポケット
内ポケットによく見られる、ゴムにより伸縮するポケットのこと。

■キャッツアイズ
オーストリアのクリスタルガラス製造会社、スワロフスキーのガラスで花のモチーフをつくり、サングラスの側面を飾ったサングラス。その名のとおり、レンズの目じりが猫っぽい。世界限定1,000個。

■グリ
1854年、初代ルイ・ヴィトンによって登場。積み重ね可能なトランクとして大好評を得る。「グリ・トリアノン・キャンバス」という防水加工を施したグレー色のキャンバス地の生地はシンプルであったため、贋物が氾濫する。その対策とし、1872年、赤とベージュのストライプ模様、1876年、茶色とベージュへと色を変化させるが、いたちごっこが続く。そこで1888年に登場したのがダミエである。

■グリーン・クロス・レザー
タイガのエピセアの初登場時の名前。ブロンズ・グリーンとも。

■建国記念
ブラジル建国500年記念と、モナコ公国700年記念が存在。

ブラジル版「カバ・ブラジル」は、無色透明ビニールのモノグラムのバッグで取っ手の紐が緑、セットでついてくるタオルが山吹色で青のLOUIS VUITTONの文字が入り、ブラジル国旗の色となる。

モナコ公国のは赤いエピのモンスリで、「Principaute de Monaco 1297－1997」の刻印が入っている。

■コーナープレート

バッグの隅の強化金具のこと。

■サドルステッチ

あらかじめ革に穴を開け、2本の針と糸を使って表と裏から交差させ、∞の形に、縛るように縫うやり方。2本の糸で縫っているため、片方の糸が切れても大丈夫という設計。馬具などの革製品のほか、ジーンズにも用いられる。ルイ・ヴィトンの縫い方をいう場合は、一般的な名称のサドルステッチというが、エルメスの縫い方をいう場合はクウジュ・セリエといったりする。

■製造番号

生産された工場や生産年度を示す製造番号。一般の消費者が意識することはほとんどないであろう。

■セリュール

エンベロップ型、書類鞄型のアイテム、スハリラインのものに見られる、四角の土台の鍵のこと。

■扇子

数種類が確認されている。扇子には、イラストが描かれており、パリとロンドンの店のイラストと住所と電話番号が書かれている。ロンドンの店ということは、2代目ジョルジュの時代のものであろう。1900年頃の店頭ディスプレイであったのではないかともいわれる。

中に、ジプシー風の男性が窓辺の女性に話しかけているようなイラストがあるが、主線が用いられ、日本の漫画方式で描かれている。

■底鋲

バッグ底部の金具。底面の保護と坐りのよさを目的としている。

■タイガ

カナダやロシアの北部の一帯に広がる深緑色の森林地帯、タイガ地帯をイメージしたラインで、男性をターゲットに1993年登場。

■ダミエ

モノグラムの登場する1896年より以前、1888年に登場した地模様を商標登録するも、図案自体はさほど複雑でなかったため、やはり贋物が氾濫し数年で廃止するが、1996年、モノグラム100周年を記念し、ダミエを復刻。レギュラーラインとして再登場するのは1998年である。

現代のダミエの枡目には「LOUIS VUITTON PARIS」と記載されているが、復刻前は「L. VUITTON MARQUE DEPOSÉE」と記載されている。「商標登録 ルイ・ヴィトン」という意味のようだ。

ダミエ・ラインはダミエソバージュ（1999年秋冬コレクションの時期に登場。贅沢な子牛の皮にダミエ・モチーフをプリントしたライン）、ダミエグラセ（2000年登場。ガラス加工した牛革にダミエ・モチーフを施したライン）、ダミエヴェルニ（エナメル加工した牛革にダミエ・モチーフを施したライン）など。

■チャレンジ

濃いオレンジ色の特殊プラスチックで作られたトランク。素材にプラスチックを使うことで軽量化を図ろうとした挑戦的な製品とされるが、軽量化の成果に満足しなかったとして、1991年頃にひっそりと廃盤になった。サイズ別などで数種類存在。ナイトクラバーも短命であったが、プラスチック素材は短命である。

■トラベルノートブック

旅のブランドであるルイ・ヴィトンが製作した、パリ、ロンドン、東京、ニューヨーク、シドニー、リオ・デ・ジャネイロ、北京の旅行ガイドブック。追加で、オリンピックに関連してアテネも登場した。ギリシャの画家パウロス・ハビディスの水彩画がふんだんに盛り込まれている。東京の本には浅草の雷門など。

旅のお供として世界の文学も出版しており、夏目漱石もある。

■ヌメ革

植物タンニンでなめしたままの未染色の革のこと。

■ネームタグ

透明のポケットがついている、ヌメ革製の名札。

■ノベルティ

コレクションなどの際にプレスや顧客に配られる特別なおまけ。蝋燭、ペーパーウエイト、キーホルダー、トランプ、ドミノ、デカンタキャップもあれば、チョコレートなどのお菓子の場合もある。

2000年春夏コレクションで配られた白ヴェルニの小ぶりのスタントンや、2001年春夏に配られたグラフィティのTシャツは、珍品中の珍品として、ネットオークション等で破格な値段が付いたりする。

■ノマド
フランス語で遊牧民の意。表面にまったく傷のない厳選されたヌメ革を使用したライン。2000年登場。

■パイピング
内ポケットやバッグの縁取りをしているもの。およそはヌメ革。

■パドロック
バッグについている南京錠と鍵のこと。

■万国博覧会
1900年のパリ万国博覧会「エレガンス館」でウォルト、ドゥーゼ等選ばれたモードハウスが舞台女優をモデルに起用し豪華な作品を披露したことから、以来20世紀のファッションの中心地はパリとなり、デザイナーたちの台頭によりパリの名声は高まった。この万国博覧会が世に与える影響力は強大なものだった。

万国博覧会は、1851年のロンドン万博に始まる。巨大な水晶宮（クリスタル・パレス）を建築し、ビクトリア朝の栄光と産業革命の成果の結晶のごとき第1回ロンドン万博は、400万人ともいわれる大衆を世界の産品を集結した水晶宮に引き寄せ、熱狂させた。

このようなロンドン万国博覧会の成功に刺激されたのが、ナポレオン3世であり、みずからの帝政の威信を国内外に高める手段として開催されたのが1855年のシャンゼリゼでの万国博覧会である。第

１回パリ万博において520万人の観客を動員したのを皮切りに、以後1867年、1878年、1889年、1900年と５回もの万博を19世紀の間に開催し、現在のパリの性格、DNAをかたち作ってきた。パリで第一の観光地であるエッフェル塔をはじめ、現在のパリの有名な19世紀の建造物は、多くが万国博覧会の施設として造られたものである。

■プレタポルテ

高級既製服のこと。プレタポルテの登場は、オートクチュールに遅れること、約60年の1960年代後半である。

一つには、オートクチュールデザイナーによるものだ。イヴ・サンローランは1968年に、オートクチュールより安価で若々しい第二、第三のラインとして、リヴ・ゴーシュ・ラインを発表した。

二つには、ブティックオーナーがファッションデザイナーとして注目度がアップしてきたことによるものだ。戦後の経済復興から、1960年代には誰もが恩恵にあずかれる時代へと変化する。そんな背景が1960年代末の階級差の緩い時代を迎え入れ、イギリスのマリー・クワント、ドイツのジル・サンダー、フランスのドロテ・ビスといったブティックオーナーの注目度アップにつながった。

1973年、クチュール協会の会長であるジャック・ムクリエにより、いよいよプレタポルテの発表のショー化が実施される。当時のオートクチュールは１月と７月に、少人数の招待者に対し、プライベートなサロンで行われた。それに対し、５月と10月に、報道陣、バイヤー、有名人を含む大勢の観衆のいる会場で、プレタポルテを発表できるようにしたのだ。

■ホットスタンピング

焼きゴテを使用してイニシャルを施すサービス。ヌメ革のアイテム、ストラップなどで利用できる。

■ボトルホルダー

化粧バッグなどの内側のボトル類を差し込んで固定するためのホルダー。

■ポワニエ

２本のハンドルをまとめるベルト。大型バッグなどに多い。

■モノグラム

ルイ・ヴィトンが常に戦わなければならなかった贋物への対策として開発されたライン。いまでは定番となり、ルイ・ヴィトンの象徴とまで昇華したモノグラムの誕生は1896年、ルイ・ヴィトンの息子、ジョルジュ・ヴィトンが考案した。LV のロゴに花や星を組み合わせた独特の柄をデザインしたものだ。無論、商標登録もなされた。

売上の60％を占めると噂されるモノグラムは、モノグラムヴェルニ（ヴェルニはフランス語でエナメルの意。エナメル加工をした牛革にモノグラム・モチーフが型押しされている。1998年、プレタポルテ参入の時期に登場し、コレクションごとに新色が発表されている）、モノグラム・ミニ（2000年春夏コレクションの時期に登場）、モノグラムサテン（00―01秋冬コレクションの時期に登場。サテンにジャガード織りのモノグラム・モチーフが織り込まれた光沢のあるタイプ）、モノグラム・グラセ（ガラス加工した牛革にモノグラム・モチーフを型押しした光沢のあるタイプ）、モノグラムマット（牛革素材に光沢を抑えたマットな仕上げを施したタイプ）など、多岐にわたる。

■モントルLV 2

旅のブランド、ルイ・ヴィトン唯一の時計のレギュラー商品であった。ブラックとグリーンの2色があり、中身はクオーツ式で、タンブールの登場とともに廃盤。ほかにワールドタイムウォッチがあるが、そちらは限定物。シルクスカーフに「カレ・アウンティ（時の旅）」という商品があり、時計の文字盤が図案になっているが、これら三つの文字盤がよく似ているということに秘かに人気があった。

■ライニング

裏側や内張りのこと。

■ルイ・ヴィトンカップ限定

ルイ・ヴィトン カップは、ヨットレースの最高峰であるアメリカズ カップの挑戦艇を決めるヨットレースであり、「旅」のブランドであるルイ・ヴィトンがスポンサーとなっている冠レース。「馬」のエルメスがパリ郊外にあるシャンティイ競馬場で毎年6月に競馬「ディアンヌ・エルメス杯」を開催していると対応させて考えると興味深い。

ルイ・ヴィトン カップ限定とは、このルイ・ヴィトンカップ開催年に記念で作られるアイテム。LVのロゴをあしらった同大会の三角旗をモチーフにしている。

1992年は紺、1995年は明るい茜色の地に三角旗をあしらったバッグ。2000年は水色がかった灰色の無地のバッグ。

2003年は芥子色のようなペパーミントグリーンのダミエ・ジェアンのバッグに加え、エル・プリメロを搭載した腕時計の「CaliverLV 277」が世界で277個限定で発売され話題になった。

■ルイ・ヴィトン ジャパン記念

設立15周年の1993年、20周年の1998年に、それぞれ総ヌメ革のアイテムが登場。

総ヌメ革のアイテムは、サンジェルマン店限定や本店限定など、象徴的な使われ方をしているのが特徴。ヌメ革は、最初は薄い肌色だが、植物タンニンのなめし剤でなめした革であるため、時間経過で茶色く変色してゆく。この変色のため、生鮮食料品のように鮮度を管理せねばならず、したがって、通常のアイテムに使われないので、スペシャルオーダーサービスで注文することになる。

25周年の2003年には、アンバー色のヌメ革の「アルストン」と、ダミエ風カラーのお箸とモノグラム柄のクリアケースのセット、超小型の「ノエ」が登場。

■レジン

プラスチック樹脂のこと。ヴィトンの場合、特にエピZのハンドル部分を指していう。

■ワールドカップ記念

1998年フランス大会では、ルイ・ヴィトンはオフィシャルスポンサーとなり、モノグラム生地のサッカーボールを3,000個限定で製作した。それに付随して、そのサッカーボールとともに世界の著名人が写っている写真集「REBOND」も出版した。

2002年日韓共催大会の際には、青いサッカーシューズが3,000足限定で発売された。

■Ｄリング（ポーチリング）

ストラップや付随の小型ポーチなどをつけるためのＤ型の金具。

The Principle of LOUIS VUITTON

# ルイ・ヴィトンの法則

最強のブランド戦略

長沢伸也
［編著］

東洋経済新報社

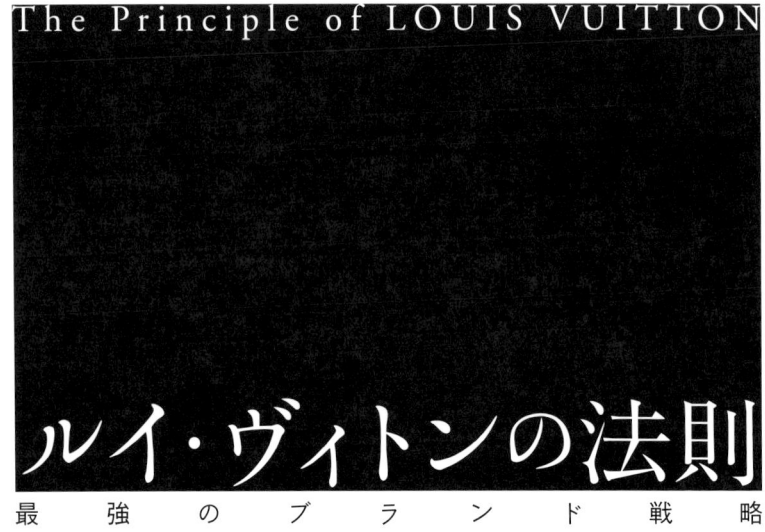

# はじめに――本書の背景と目的

世界のラグジュアリー（luxury：贅沢なことや贅沢品）市場を巡る高級ファッション・ビジネス戦争は、同業他社の買収・防衛などのブランド買収合戦や合従連衡を重ね、ブランド・コングロマリット（conglomerate：買収や合併などにより事業多角化を行い、事業間に直接的な関係のない事業を複数抱えた複合企業のこと）による規模の拡大と数社による寡占・集約状態ができ上がった。グローバルな市場を求めるラグジュアリーブランドのお眼鏡にかなった日本のストリートは、ほんの30年程前には考えられないほどのブランドショップで埋め尽くされることになる。膨大なメディア活用により身近になったブランドは、突然の嵐のように日本人の心理に入り込み、ルイ・ヴィトン、エルメス、シャネル、グッチ、プラダを身にまとい、街を闊歩する人を増加させた。その勢いは銀座並木通りや銀座中央通り、青山、表参道、丸の内といった日本の流行発信都市の風景をも変えた。

このようなラグジュアリーブランドの持つ潜在的な力、市場の将来性にいち早く気づいた男が、ベルナール・アルノーであり、彼が率いているブランド帝国がＬＶＭＨ モエ ヘネシー・ルイ ヴィトンである。フランスで建築業を営んでいた父親の跡を継いだアルノーは、ラグジュアリーブランドの市場が世界的に拡大することを見越し、ＬＶＭＨという持ち株会社を通して数多くのブランドを買収し、ラグジュアリーブランドの一大帝国を築いたのだ。

ルイ・ヴィトンを筆頭にクリスチャン ディオール、ジバンシィ、セリーヌ、フェンディ、ダナ・キャラン、ロエベ、宝飾のショーメやフレッド、時計のゼニス、タグ・ホイヤー、酒類ではモエ・エ・シャンドン、最高級シャンパンのドン・ペリニヨン、さらにはＤＦＳ（デューティー・フリー・ショッパーズ）や世界初の百貨店であるボン・マルシェ等、多彩な50を超えるブランドが、この持ち株会社の傘下にある。そもそもルイ・ヴィトンとモエ・ヘネシーという二つの会社が合併して生まれたこのＬＶＭＨを率いるアルノーは、クリスチャン ディオールの買収を皮切りに、他のブランドを買収する拡大戦略を一貫して取ってきた（最近になって一部のブランドを売却した）。そして買収したブランドの成長・発展を図り、グループの利益を蓄え、その蓄積された利益をベースに財務の安全性を保ちながら、さらなる企業買収によってグループをいっそう強化なも

図１　LVMH モエ ヘネシー・ルイ ヴィトンのマルチブランド戦略

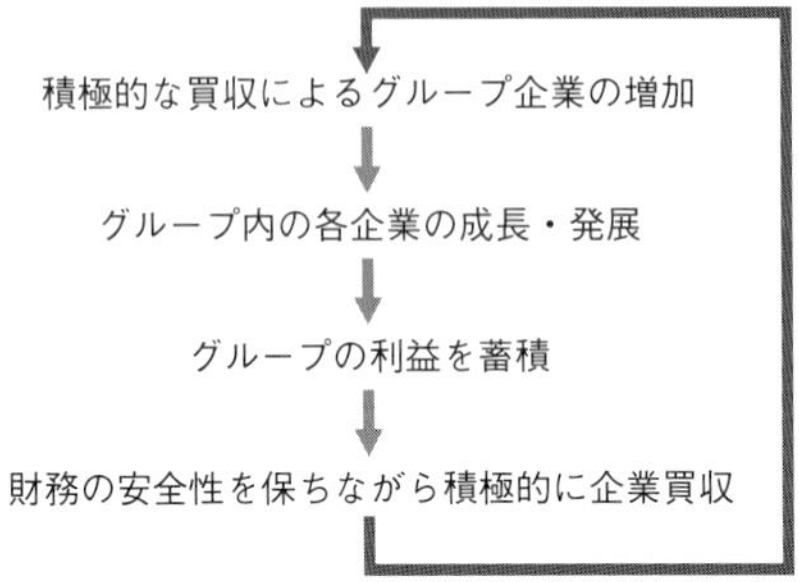


（出所）長沢伸也著『ブランド帝国の素顔 LVMH モエ ヘネシー・ルイ ヴィトン』日本経済新聞社、2002年、p.218。

のにしようとするマルチブランド戦略を推進している。そのプロセスは図に示したとおりである。

上図のようなプロセスを機軸とした、昨今の世界規模展開の巨大ファッション・ビジネスにおいては、デザイナーの研ぎ澄まされた感性はもとより、マーケティング力、さらには製造や流通をコントロールする経営力が企業の浮き沈みを左右する。さらには傘下にあるブランド相互の競争と協調の舵取りが重要であり、それを役割とするのがＬＶＭＨである。そのＬＶＭＨはどのようなマネジメントをし、どのように成長してきたのか……、それを明らかにすることを目的としたのが編著者（長沢）による『ブランド帝国の素顔　ＬＶＭＨ モエ ヘネシー・ルイ ヴィトン』（日本経済新聞社、２００２年）であ

った。

そして『ブランド帝国の素顔 LVMH モエ ヘネシー・ルイ ヴィトン』のテーマはもう一つあった。それはコモディティ（commodity：「商品」の意。洗剤等、一般消費財のように安く手に入れられる日用品のことであり、機能により差別化できない商品のこと）市場とは異なるラグジュアリーブランドのありようを考えることだ。

消費者はブランド品が好き、研究者はブランド論が好きである。同じ「ブランド」という言葉が語られても、学者の語る「コカ・コーラ」「マクドナルド」などのブランドと、前著で取り上げたラグジュアリーブランドとのギャップは大きい。研究者のブランド・マネジメント論には、ルイ・ヴィトンやディオールなどの代表的ラグジュアリーブランドが登場することも、あるいはLVMHが取り上げられることもほとんどない。

このような問題意識のもとに、LVMHという特異な企業を取り上げ、その生態をつぶさに観察し、規模は小さいものの、コモディティ市場とは異なるブランドのありようについて考えたのであった。

そして今回はLVMH帝国から横綱ブランドであるルイ・ヴィトンにフォーカスを当てたい。ルイ・ヴィトンという単独のラグジュアリーブランドの戦略を4P（製品・価格・流通・販促）ごとに体系的に分析することにより、一般消費財とは異なるブランド

マーケティングの法則ないしは原則を抽出することが、本書の目的である。すなわち、ラグジュアリーブランドの成功戦略の法則、原則の抽出であり、ビジネスの成功モデルとしての抽出が目的であり、その良し悪し論ではないことを明記しておこう。しかしながら、今日のルイ・ヴィトンの隆盛が偶然ではなく戦略によってもたらされたものであることを明らかにすることにより、ブランド力のなさに悩む企業やブランド力の向上を図りたい企業の参考になるであろう。

とかくファッション・ビジネスとは、デザイナーが独自の美的クリエーションと対社会の感受性を駆使して、モノづくり職人が蓄積された技術を駆使して、バイヤーが顧客の顔と店舗の発信性を脳内でミックスし、販売員が「おもてなし」の心を付随して最終顧客に提供する。このような過程を辿る、文化価値的、美的価値的要素の強い潮流と、お金の香りがする資本の論理の潮流が入り混じれば、本音の部分、感情面で反発心を有するのは当然ではないか。「ヨーロッパ型のクリエーション至上主義から生まれるヨーロッパ製品は、ほかには代え難い文化価値的、美的価値的があるのだから、それでいいではないか。資本主義やマーケティング概念の潮流に流されて規模の拡大をせずに、小規模でも近くの顧客を楽しませてくれればいいではないか」という本音の部分。これは作る側、売る側にも買う側にもある心理である。市場も文化も新しいアメリカで生み出

された「マーケティング概念」はヨーロッパ的なものとはおよそ異質のものであることが、このような心理を起こさせる。

俄然、日本人にもこのジレンマは強いように思える。日本の伝統、文化への尊敬の念や憧憬の念を心の内部に秘めながら、ビジネスにおいて逆の方向へ向かうために、その思いを心の奥深くに隠してしまっている日本人は多いのではないか。このようなノスタルジックなジレンマが発生しやすい土壌がファッション・ビジネスであるように思える。

そのような環境下、現実にその土壌で、現在ビジネスの面から成功モデルとなっているのが、LVMHという巨大帝国であり、ルイ・ヴィトンという横綱ブランドなのである。

この事実にフォーカスを当て、法則ないしは原則から、何かビジネスのヒントやブランドの方向性をひらめいていただければ幸いである。さらには消費者としてモノを購入する際に深掘りしようとするきっかけや、モノを選別する目を意識する契機になれば幸いである。

目次

C O N T E N T S

CONTENTS

CONTENTS

CONTENTS

CONTENTS



本文中の敬称略
本文中の組織名・役職（所属）は、2007年5月末現在

イントロダクション

# ルイ・ヴィトンをめぐる環境

The Principles
of
LOUIS VUITTON

ルイ・ヴィトンの法則

## ブランド・ビジネス大再編成の潮流

ルイ・ヴィトンというラグジュアリーブランドの成功戦略を紐解く前に、このブランドの現在の立ち位置を明確にしたい。つまりはラグジュアリー市場でうごめくブランドの概況を、この本の導入とさせていただこう。

1990年代以降、世界のラグジュアリー市場は混沌としている。資本を背景とする大手グループが覇権を巡っての一流ブランド買収合戦を繰り広げ、巨大なブランド・コングロマリットへと拡大してきたのだ。

では、どのような大手グループがコングロマリット戦略をもとに市場を形成しているのか。コングロマリットにもビジョンや戦略の相違によりさまざまな形成が見られるが、その中でも代表的なものを以下に挙げていこう。

①LVMHモエ ヘネシー・ルイ ヴィトン（フランス）

ルイ・ヴィトン、クリスチャン ディオールなど50あまりものブランドを傘下に持つ

## 図2　LVMH組織図

**LVMH**
**モエ ヘネシー・ルイ ヴィトン**

**ワイン＆スピリッツ**
- ■モエ・エ・シャンドン【1743】
- ■ヴーヴ・クリコ・ポンサルダン【1772】
- ■クリュッグ【1843】
- ■メルシェ【1858】
- ■ルイナール【1729】
- ■シャトー・ディケム【1593】
- ■ヘネシー【1765】

**ファッション＆レザーグッズ**
- ■ルイ・ヴィトン【1854】
- ■ロエベ【1846】
- ■セリーヌ【1945】
- ■ベルルッティ【1895】
- ■ジバンシィ【1952】
- ■ケンゾー【1970】
- ■エミリオ・プッチ【1948】
- ■フェンディ【1925】
- ■ダナ・キャラン【1984】
- ■トーマス・ピンク【1984】
- ■マーク・ジェイコブス【1984】
- ■クリスチャン ディオール※【1946】

**パフューム＆コスメティックス**
- ■パルファン・クリスチャン・ディオール【1947】
- ■ゲラン【1828】
- ■パルファム・ジバンシィ【1957】
- ■ケンゾーパルファム【1987】
- ■ベネフィット【1976】
- ■メイクアップフォーエバー【1984】
- ■フレッシュ【1991】

**ウォッチ＆ジュエリー**
- ■タグ・ホイヤー【1860】
- ■ショーメ【1780】
- ■ゼニス【1865】
- ■フレッド【1936】
- ■オマス【1925】
- ■クリスチャンディオールウォッチ【1975】
- ■デビアスLV※※【2001】

**セレクティブ・リテーリング**
- ■DFS【1961】
- ■ル・ボン・マルシェ【1852】
- ■セフォラ【1970】
- ■マイアミクルーズ ライン【1963】
- ■ラ・サマリテーヌ【1869】

【 】内は設立年

（注）　※クリスチャン ディオール クチュールは、LVMH モエ ヘネシー・ルイ ヴィトンSAの約50％の株式と議決権を有するクリスチャン ディオールSAに属している。
※※デビアス社とLVMHによる合弁会社。

（出所）http://www.lvmh.co.jp/frame_a.htmlにおいて、2007年5月末時点で紹介されている組織構成に基づき作成。

なお、http://www.lvmh.com には上掲されていないブランドが多数挙げられている。

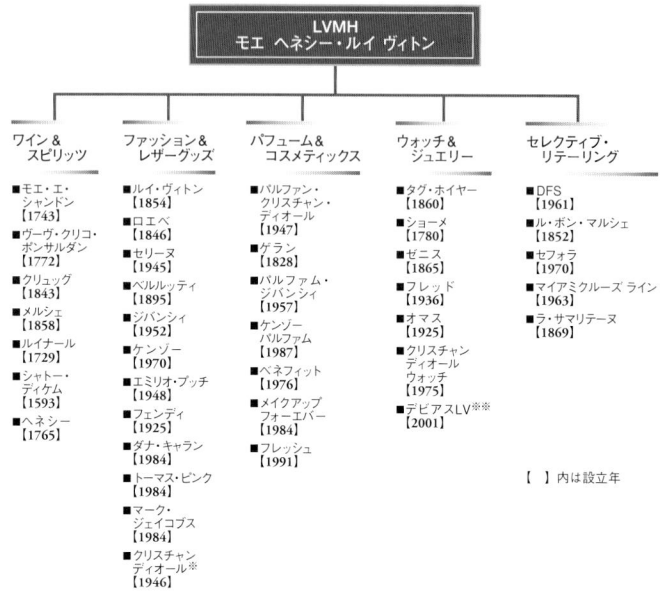

図3　LVMHの業績推移

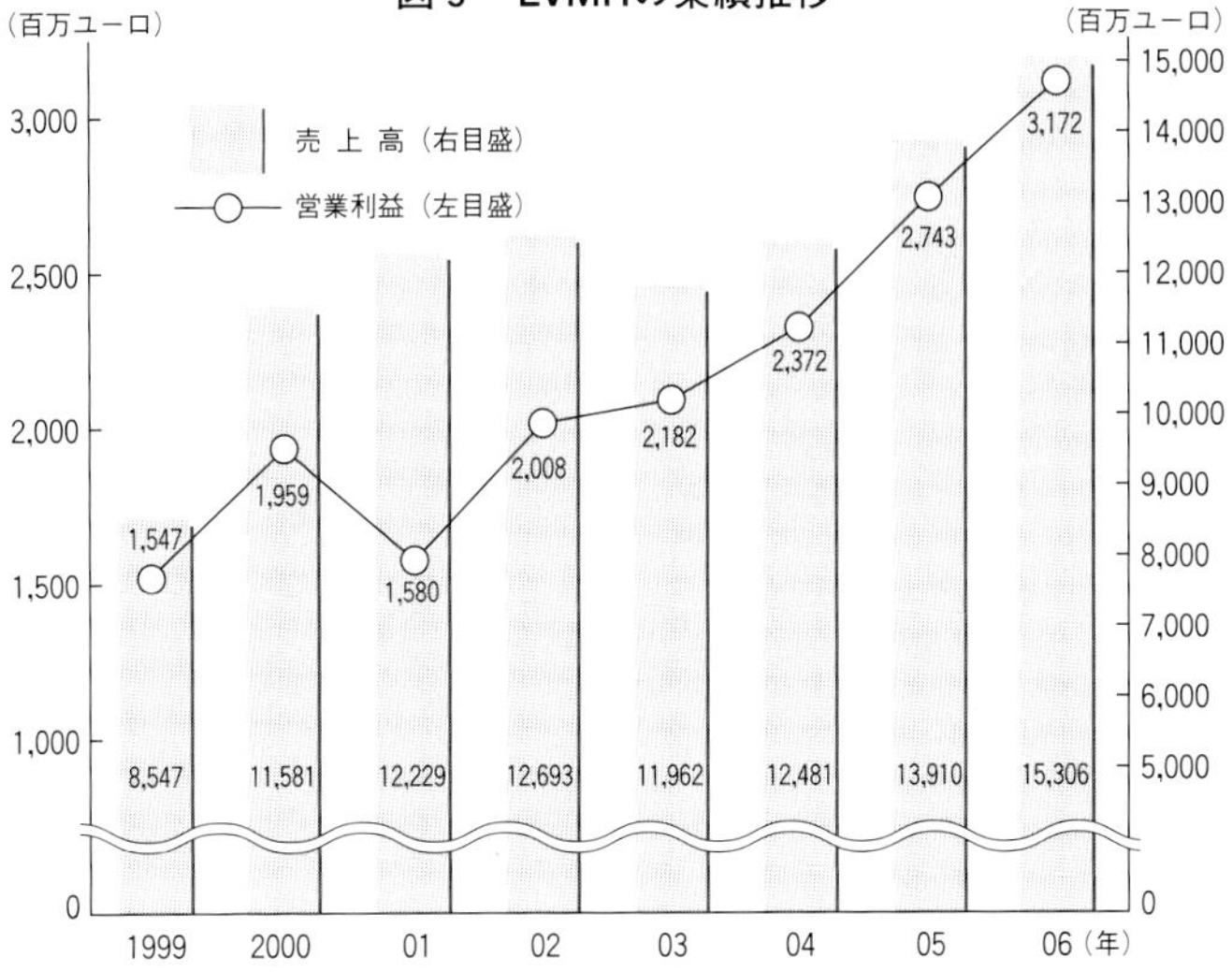


（出所）　http://www.lvmh.co.jp/frame_a.html および www.lvmh.com

（図2参照）。グループ売上高は2006年度で15306百万ユーロ（約2兆4500億円、2006年度末換算レート1ユーロ＝約160円使用）の規模である（図3参照）。

② リシュモン・グループ（スイス）

カルティエ、ヴァン・クリーフ&アーペル、ピアジェなどのジュエリー、モンブランなどのライティング・インストゥルメンツ、クロエ、ダンヒル、ランセルなどのファッションブランドを有する。グループ売上高は2006年度で4827百万ユーロ（約7700億

円、同）の規模である。

③　グッチ・グループ（イタリア）

　プランタン百貨店等、プレステージから建築資材、電化製品や日用品までさまざまな業種と業態が集まったコングロマリットであるPPR（ピノー・プランタン・ルドゥート）グループのラグジュアリー部門といえる。PPR傘下であるグッチ・グループの傘下にはグッチをはじめ、イヴ・サンローラン・リヴ・ゴーシュ、アレキサンダー・マックイーン、ボッテガ・ヴェネタ、セルジオ・ロッシ、ステラ・マッカートニー、バレンシアガ、ブシュロンなどのラグジュアリーブランドがひしめく。PPRグループ全体の売上高は2006年（暦年）で17931百万ユーロと巨大であるが、8割は百貨店等の小売であり、ラグジュアリー部門は2割程度の3568百万ユーロ（約5700億円、同）である。

④　プラダ・グループ（イタリア）

　プラダがヘルムート・ラング、ジル・サンダー、チャーチ、フェンディ（LVMHと共同出資）、アズディン・アライア、ジェニー、カーシュと買収をし拡大してきたグルー

プである。近年は苦戦が否めず負債の肥大化が顕著なため、フェンディ株のＬＶＭＨへの売却、ジル・サンダー（ドイツ）のイギリスの投資会社チェンジ・キャピタル・パートナーズへの売却に続いて、ヘルムート・ラング（アメリカ）の商標権も日本のリンク・セオリー・ホールディングスに売却した。

⑤ 独立系メゾン

これらのコングロマリットを形成する大手グループに対し、昔からのファッション・ビジネスの延長線上であるファミリー・ビジネスを展開しているのがエルメスやシャネル、ジョルジオ・アルマーニ、フェラガモ、ブルガリなどヘビー級メゾンである。その他多くの中小メゾンはどこかのグループに参加するか、巨大グループ相手に果敢に挑んで閉店するかの二択を迫られたのだ。

これら代表的な大手グループが、ラグジュアリー市場を巡って熾烈な戦いをしている（図４参照）。

たとえば、２００２年前後のＬＶＭＨによるグッチ買収未遂劇や、グッチ・グループがＬＶＭＨ傘下のジバンシィのデザイナーであったアレクサンダー・マックイーンやリ

## 図４　大手グループ企業相関図

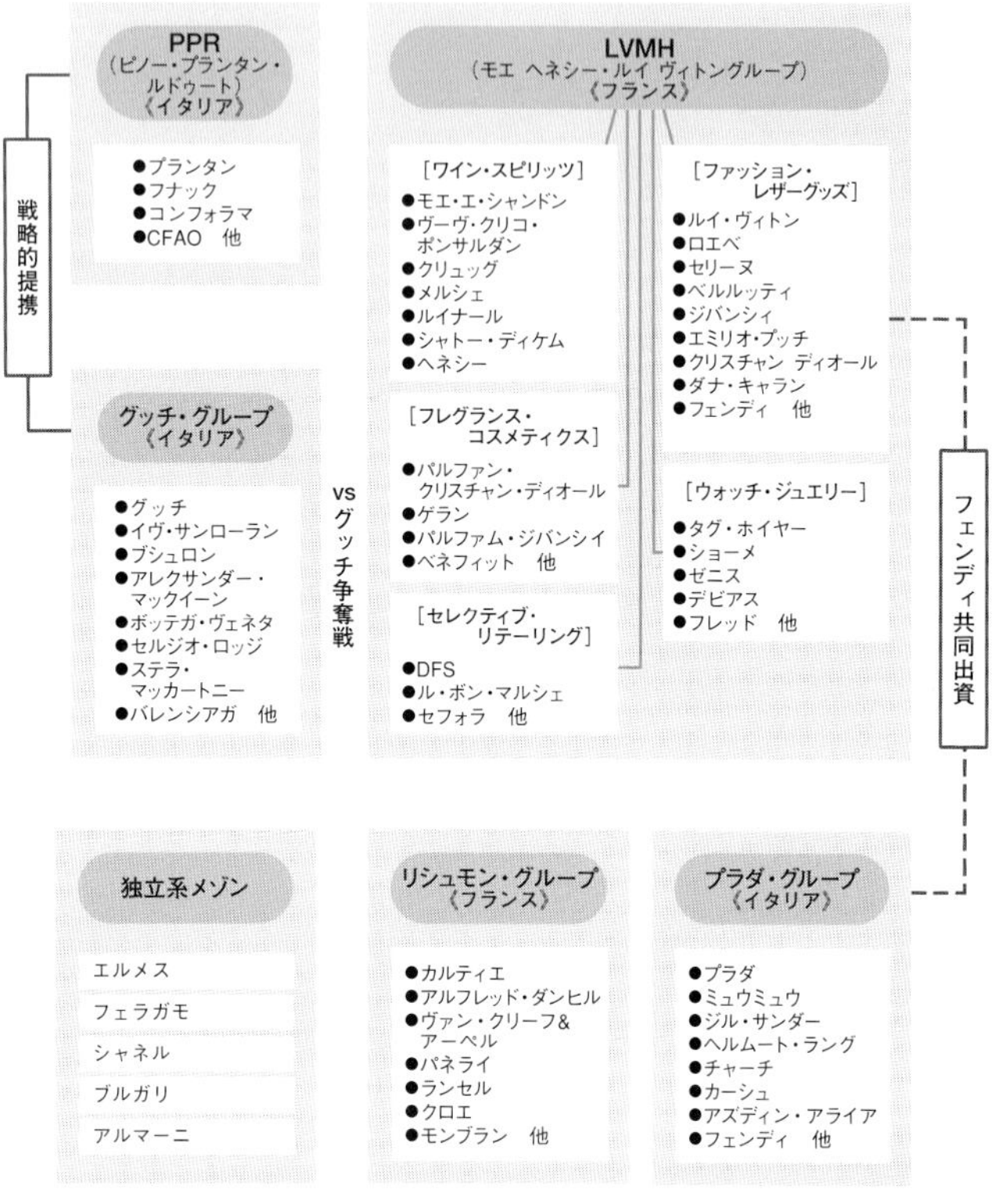


（出所）松尾武幸編『最前線ファッション業界 知りたいことがスグわかる!!』（こう書房）に基づき作成。

シュモン傘下のクロエのデザイナーであったステラ・マッカートニーを引き抜いた「事件」など、ブランドやデザイナーの争奪戦は日常茶飯事である。

この中にあって、LVMH モエ ヘネシー・ルイ ヴィトンの2006年度総売上は、リシュモン・グループの約3・2倍、グッチ・グループの約4・3倍というように、ラグジュアリー市場において圧倒的な存在である。

なお、エルメスについては、長沢伸也編著『老舗ブランド企業の経験価値創造――顧客との出会いのデザイン マネジメント』（同友館、2006年）で取り上げ分析しているので、参考にされたい。

## 日本のラグジュアリー市場での圧倒的存在

『インポートマーケット&ブランド年鑑 2007年版』（矢野経済研究所、2007年）のデータに基づくと、2006年度単体ブランドごとの売上で1位はルイ・ヴィトンであり、その売上規模約1596億円は2位のエルメスの約2・6倍、4位のグッチの約3・0倍、急成長で3位に躍進したコーチに対しては約2・9倍である。さらに、

主要ラグジュアリーブランドの1店舗あたり売上高（「(株)小島ファッションマーケティング SPAC REPORT」参照）を見ると約30億円であり、他の有名ブランドの3倍から十数倍であり、ルイ・ヴィトンがどれほどすさまじい存在感なのかが数字でわかる。

したがって、現在の日本のブランドブームはルイ・ヴィトンブームといっても過言でなく、ルイ・ヴィトンの一人勝ちという状況が、イメージおよび実績のうえでも続いている。

## ルイ・ヴィトンの組織・経営陣

法則の抽出の前に、ルイ・ヴィトンのビジネスがどのように推進されているのか、経営陣中心に考察する。現在の圧倒的な横綱ブランドを支える組織や経営陣などを前提として述べておく。

「ルイ・ヴィトン」というときに、厳密には以下のいずれかを指すことになる。

①「ルイ・ヴィトン」ブランド

ルイ・ヴィトン マルティエ社が製造・販売する鞄等の製品群のブランド名である。

② ルイ・ヴィトン マルティエ

「マルティエ」とはトランク職人のことで、ヴィトン家からは現在独立・分離されている鞄製造・販売の会社。代表取締役会長兼CEOは、イヴ・カルセルである。イヴ・カルセルは現在、「LVMHファッショングループSA代表取締役会長兼CEO」も兼ねているので、どちらかの肩書きで呼ばれる。インタビュー記事などでは、取材に応える立場によって肩書きが違う。

③ LVMH モエ ヘネシー・ルイ ヴィトン

50あまりのブランドを擁する持ち株会社（ホールディングスと呼ばれる）。前著『ブランド帝国の素顔 LVMH モエ ヘネシー・ルイ ヴィトン』の主人公であったベルナール・アルノーが「LVMH モエ ヘネシー・ルイ ヴィトン代表取締役社長兼CEO」である。

LVMHは大きく五つの事業セクターに分けることができる。

（1）ワイン・スピリッツ（酒類）
（2）ファッション・レザーグッズ（服飾・皮革製品）
（3）フレグランス・コスメティックス（香水・化粧品）
（4）ウォッチ・ジュエリー（時計・宝飾品）
（5）セレクティブ・リテーリング（特選小売）

ルイ・ヴィトン マルティエは、ＬＶＭＨの一事業セクターであるファッション・レザーグッズ部門に属する。つまり、ＬＶＭＨが擁する50あまりのブランド会社の一つである。しかし、このような記述で、ルイ・ヴィトンをＬＶＭＨの「50分の1」の存在と捉えるのは正しくない。

2位のリシュモン・グループ以下を大きく引き離し、高級ブランド品を取り扱う五つの事業セクター、50あまりの企業（ブランド）の集合体であるＬＶＭＨの中で、圧倒的な存在感を示すのはルイ・ヴィトンである。ルイ・ヴィトンは、ＬＶＭＨの総売上高の約4分の1、営業利益の約3分の2を占めるという中核ブランドである。逆にいうと、ＬＶＭＨはルイ・ヴィトンを中核として擁する一大帝国なのである。

ルイ・ヴィトン マルティエから見ると、「ＬＶＭＨ モエ ヘネシー・ルイ ヴィトン」は持ち株会社という意味の親会社であるが、事業自体の直接の指揮管理下にはない。つ

まり、ＬＶＭＨおよびアルノー自身はルイ・ヴィトンをはじめとする傘下ブランドを直接的には経営しないが、各ブランドの経営者の人事権を握るというかたちをとっている。

④　ＬＶＭＨファッショングループＳＡ

ＬＶＭＨの五つの事業セクターのうち、ファッション・レザーグッズ事業セクターを統括管理する会社が「ＬＶＭＨファッショングループＳＡ」である（ＳＡは株式会社の意）。代表取締役会長兼ＣＥＯは、ルイ・ヴィトン マルティエの代表取締役会長兼ＣＥＯでもあるイヴ・カルセルである。

ルイ・ヴィトン マルティエは、ジバンシィ、セリーヌなどと並んで、「ＬＶＭＨファッショングループＳＡ」の傘下になる。ルイ・ヴィトン マルティエから見ると、「ＬＶＭＨファッショングループＳＡ」は直接の親会社になり、その指揮管理下にある。

⑤　マーク・ジェイコブス

ルイ・ヴィトンのデザイナー（正確にはアーティスティック・ディレクター）。１９９７年以降、その地位にあり、新作鞄とプレタポルテ（高級既製服）のデザインにあたっている。

毎日新聞社

**マーク・ジェイコブス Mark Jacobs**

ルイ・ヴィトンのアーティスティック・ディレクター。1963年ニューヨーク生まれ。1997年就任時には、フランスの老舗ルイ・ヴィトンが30代半ばという若いアメリカ人のデザイナーを起用したことで話題になった。1998春夏からレディスのデザインを手掛け、1998—99秋冬からパリ・コレクションに参加。自身のブランドとしてマーク・ジェイコブス、マーク by マーク・ジェイコブスも手掛け、ニューヨークで発表している。写真は1998年来日時。

⑥　LVJグループ

ルイ・ヴィトンの日本における販売会社。長らくルイ・ヴィトン ジャパンであったが、2003年2月1日付でセリーヌ・ジャパンと合併し、LVJグループ株式会社と社名変更した。プレジデント(代表取締役社長)兼CEOは、秦郷次郎、藤井清孝を経て、2007年4月以降エマニュエル・プラットである。プラットは、LVMHの日本法人であるLVMH モエ ヘネシー・ルイ ヴィトン・ジャパン株式会社の社長でもある。

⑦　ルイ・ヴィトン家

初代ルイ・ヴィトンに始まり、5代目パトリック・ルイ・ヴィトンを現当主とするトランク職人のルイ・ヴィトン家。家業(ファミリー・ビジネス)であったので、1970年代に4代目アンリ・ルイ・ヴィトンが所有と経営を分離するまでは、ルイ・ヴィトン家と家業の製造・販売業はイコールであった。

⑧　初代ルイ・ヴィトン

ルイ・ヴィトンの創業者であるトランク職人。1854年にトランク職人である初代ルイ・ヴィトンが個人の自営業として始めたトランク製造・販売業が、代々にわたり家

業（ファミリー・ビジネス）として受け継がれ、経営体の変更・展開を経て今日に至っている。

製品開発などの意思決定に際しては、職人とりわけルイ・ヴィトン家とマーク・ジェイコブスらのメゾン（店のこと）としての意思が企業体としての他の側面に完全に優先する。特にルイ・ヴィトン家には「これはルイ・ヴィトンの名を冠する商品として世に出すのは許さない」というような拒否権（ヴェトー）があるらしい。一方で、秦郷次郎式直営方式などのマーケティング、ベルナール・アルノーの辣腕が冴え渡るM＆Aに関しては、職人やマークはほとんど無関係である。このように、ルイ・ヴィトンの意思決定者は単一ではなく、多層構造のようになっている。

あるときは、ベルナール・アルノーの率いる持ち株会社LVMH。イヴ・カルセルなど、各ブランドで現場の指揮に当たる経営者。パトリック・ルイ・ヴィトンを現当主とするルイ・ヴィトン家。そして、デザイナーのマーク・ジェイコブス……。

ここまでで一通りのルイ・ヴィトンのビジネスにかかわる企業や経営者ら登場人物の現状を述べた。では、いよいよルイ・ヴィトンを成功モデルと捉え、「法則」の発案や実行が誰に由来するものかを謎解きながら抽出していこう。

# 第 1 章

# PRODUCT（製品）に関する法則群

The Principles
*of*
LOUIS VUITTON

**ルイ・ヴィトンの法則**

本書ではルイ・ヴィトンの戦略を、マーケティングの４Ｐ（製品・価格・流通・販促）ごとに体系的に分析し法則にまとめる。まず最初にPRODUCT（製品）について見てみる。通常のマーケティングでは「十分な品質の製品」が求められる。品質管理でいわれる「使用適合性」とか「要求への一致」であり、過剰な品質はコスト高につながるので「悪い品質」と考えることになる。鞄でいえば、物が入る、荷物が持ちやすい、ということになり、500円か1,000円のトートバッグがコストパフォーマンス的によいことになる。しかし、ルイ・ヴィトンの鞄は「卓越した品質の製品」「こだわりの品質の製品」、さらには「物語のある製品」を提供している。また、一般のマーケティング的には「相対的品質」が重要であるが、ルイ・ヴィトンの鞄は他社製品と比較することに意味がなく、「ヴィトンでなくては駄目なんだ」といわせるような「絶対的品質」ということになろう。PRODUCT（製品）に関する法則群の多くは、ルイ・ヴィトン家のこだわりや方針が事業会社にも共有され受け継がれているものである。

## PRODUCT 1 ▽ 贋物駆除の法則　その１：啓蒙活動

よい物は真似される。ブランドを守る手入れを怠らないのがルイ・ヴィトン!!　その歴史は、模倣品との戦いの歴史でもある。同社にとって最大の市場である日本でも、巧妙化する模倣品、つまり贋物との戦いが続いている。

ブランド品の贋物を製造・販売するのは「商標法」違反、「不正競争防止法」違反等になる。転売目的で所持するのも同じである。贋物を本物と偽って販売した場合は詐欺《サギ》罪も追加される。産地偽装は「ＪＡＳ法」違反となる。転売ではなく個人で使用するのならば、違反にはならないけれども、組織犯罪を助長する行為である。

ブランド品の贋物の輸入に関しても、「関税定率法」で、麻薬、覚醒剤、拳銃などとともに輸入禁制品に列せられている。

ブランド品の贋物を業として輸入した場合は逮捕され、旅行のお土産や個人使用目的でも税関で没収される。

ファッションブランドのブティックで買い物をしたときに、包装で結んでくれるリボンを携帯電話のストラップにして販売するのも、通称フリーライド（＝ただ乗り）と呼

ばれ、立派な「商標法」違反となる。ちなみに、これに関しても、すでに逮捕者が出ている。

また、スペル間違いやロゴ違いの贋物で、本物に似せ損なったというよりも、わざとジョークを効かせているのではないかとさえ思えるような贋物があったりする。それを面白いからと贋物であることを承知のうえで買うのもよくない。贋物を作る組織犯罪に加担することになるからである。

さて、「ブランドにただ乗りする模倣品は絶対に許さない」という姿勢に基づく贋物の駆除はルイ・ヴィトン創業以来の方針である。なぜかといえば、ルイ・ヴィトンのブランドに対する顧客の信頼の礎となっているからである。

ルイ・ヴィトンのブランドの象徴となっているLとVの組み文字に花と星を組み合わせた「モノグラム」のデザインも、模倣品が多かったのが背景にあったといわれている。

贋物を駆除するためにルイ・ヴィトンが取っている対策には、相手別に分けて3種類ある。一般消費者向けには「啓蒙活動」を行い、企業向けには「警告書送付」を行い、贋物製造販売業者対策としては「真似できないような独自性の高いラインを作って商標登録や意匠登録する」という対策を行っている。さらに、「ユニオン・デ・ファブリカンを通じての活動」も行っている。国境を越えて暗躍する模倣品の流通ネットワークと戦

うため、パリの本社とローマ、ニューヨーク、ブエノスアイレス、香港、上海などを拠点とする対策チームが連携して、本社が取得した商標権や意匠権などの知的財産権を使った模倣品対策を世界各国で実施している。日本における模倣品対策はＬＶＪグループ知的財産部が担当しているが、日本はルイ・ヴィトンにとってもっとも大きな市場であり、特に重責を担っているといえる。デリケートな内容がほとんどで、多くを紹介できないのが残念である。

一般向けの啓蒙活動として、ＬＶＪグループは、以前のルイ・ヴィトン ジャパン社時代から、知的財産に関するセミナーやシンポジウムをたびたび催してきた。「ウチの製品の贋物は買わないでください」とストレートにいわないで、知的財産の啓蒙活動としているのは、ルイ・ヴィトン一流の上品なテクニックであると見るべきであろう。しかし、ここ最近は、このシンポジウムが開催されていないようである。贋物を買うような人に宛ててシンポジウムを開催しても、馬耳東風、暖簾に腕押し、糠に釘だという判断でもあったのかもしれない。

# PRODUCT 2▽贋物駆除の法則

## その2：警告書送付

なんちゃってルイ・ヴィトン？　許さないぞ‼　という法則である。

企業向けの警告書送付では、2000年4月12日付で、インターネット関連大手企業の楽天に警告書が送られたことが有名である。運営側の管理が行き届いておらず、オークションやフリーマーケットであからさまな贋物や上述のリボン改造のストラップが売られていたことを指摘した警告文である。

この警告書送付は、朝日新聞社『アエラ』2000年4月24日号などにより世間の知るところとなったが、これは珍しいケースであろう。なぜなら、ルイ・ヴィトン ジャパンはわざわざこの企業に警告書を送ったとは発表しないし、受け取った側もわざわざルイ・ヴィトン ジャパンから警告書が届いたとは発表しないからである。

しかし、今日もどこかの企業が、こげ茶色の地にLとVの文字や会社のロゴと花や星を組み合わせた「モノグラムもどき」を無断で（LVJが許可するわけがない）使っているとして、警告書を受け取って蒼ざめているに違いない。放置してコラボレーション企画のように勝手に思われてはたまらない。

## PRODUCT３▽贋物駆除の法則　その３：商標登録・意匠登録

法律を味方にするのがルイ・ヴィトン!!

真似できないような独自性の高いラインを作って商標登録や意匠登録することについて述べる。ルイ・ヴィトンの旅行鞄のデザイン、特にその図案は、贋物を駆除するために進化してきたといっても過言ではない。

まずは『グリ』である。初代ルイ・ヴィトンの手によるもので、１８５４年に登場し、積み重ね可能なトランクとして大好評を得た『グリ』であるが、その生地『グリ・トリアノン・キャンバス』は、防水加工を施したグレー色のキャンバス地であった。シンプルであったため、贋物が出てきた。贋物対策として、１８７２年に『トアル・レイエ』を赤とベージュのストライプ模様にした。さらに、４年後の１８７６年には、色を茶とベージュに変えた。しかし、それでも贋物はキャッチアップしてきた。

いよいよ辛抱たまらなくなった初代ルイ・ヴィトンは、１８８８年にご存知『トアル・ダミエ』を登場させ、これを「商標登録」する。これは地模様としては世界初の商標登録であったようである。「商標法」の成立はフランスがもっとも早く、１８５７年

に成立している。商標登録はしたものの、図案自体は市松模様であり、さほど複雑ではなかったため、すぐさま贋物が出回ったといわれる。

そしてついに、1896年、2代目ジョルジュ・ヴィトンがLVと星と花を組み合わせた『モノグラム・キャンバス』を発表するに至るのである。もちろん、商標登録もなされた。

また、『モノグラム・キャンバス』の発表と同時に、『ダミエ・キャンバス』は封印され、100年後の1996年にダミエ誕生100周年を記念した企画で復活するのである。レギュラーラインとして再登場するのは1998年である。

シンプルなグレーの生地に始まり、商標登録を行いつつ、複雑で独特のパターンの『モノグラム・キャンバス』に進化してきた歴史は、世界各国の貨幣が偽造防止のために進化してきた歴史に相似するところがあり、「ルイ・ヴィトンはある種の貨幣である」というルイ・ヴィトン貨幣論も囁かれている（第2章〈ルイ・ヴィトン貨幣論の法則〉（p100）参照）。

以上のような贋物と戦ってきた歴史は、ルイ・ヴィトンの公式ウェブサイトや、ブランド品リサイクルショップ雑誌のルイ・ヴィトン特集号などさまざまなところで公表されている。贋物と戦ってきた歴史を公表するというのも一つのテクニックである。

時事

## ルイ・ヴィトンのアンティーク・トランク

ルイ・ヴィトン松屋銀座店の１階と２階を結ぶ階段の踊り場の壁一面にアンティーク・トランクがディスプレイされている。昔の映画に出てくるような大型トランクもあり、ルイ・ヴィトンの長い歴史と伝統を感じさせる。写真は2000年11月リニューアルオープン時。

古い時代のルイ・ヴィトン製品の実物を観察したいなら、店舗に行かれるのをお勧めする。たとえばルイ・ヴィトン松屋銀座店は2フロアあり、1階と2階を結ぶ階段の踊り場には、アンティーク・トランクが数点飾られている。壁一面にディスプレイされているアンティーク・トランクの右下のほうにダミエのトランクがあるが、市松模様の枡目にある文字をご覧いただきたい。『L.VUITTON MARQUE DEPOSEE』と書いてある。これは『商標登録　ルイ・ヴィトン』という意味である。

現在のダミエの枡目には『LOUIS VUITTON PARIS』と書かれているので、見比べてみると、ダミエの100年の断絶を実感できるのではなかろうか。

昔のルイ・ヴィトンに触れられる、通好みの演出は、秦元社長直々のアイデアだそうである。

商標登録は、各国の支社が、フランス本社の指揮に従って、各国の担当省庁でその登録を行っている。日本でも商標登録を逐次行っている。

名前の管理を怠ると自分のブランドに余計なノイズが入る。

この管理に対し、シャネルが厳格であることは前著『ブランド帝国の素顔　LVMHモエ ヘネシー・ルイ ヴィトン』で紹介したが、あらためて述べると、日本の小さい商店で『シャネル』と名乗るものが多数存在したのを、シャネルが徹底的に改称させた。

素直に従わない場合は訴訟した。訴訟になった中では、千葉県松戸の「スナックシャネル」の件は、最高裁までもつれ込んだので有名になった。最終的に勝ったのはシャネル側だった。最高裁の判決というのはかなり強力なので、後々まで効いてくるだろう。

わざわざ、各国で商標登録をする理由は、日本は日本できちんと商標を取って、独占排他的な使用の権利を武装しようということに違いない。

なお、本章別項の〈ライセンス禁止の法則〉（p59）は贋物対策にも有効である。ノウハウが外部に流出しないので、本物とまったく同じ模倣品の出現を防げるからだ。

## PRODUCT 4▽贋物駆除の法則

### その4：ユニオン・デ・ファブリカンを通じての活動

もう一つ、贋物への対応の好例として、ユニオン・デ・ファブリカンを通じての活動が挙げられる。

ユニオン・デ・ファブリカン（Union des Fabricants）は、商標保護の活動を行うフランス公益社団法人である。かつて、ドイツでフランスの薬品の偽造品が出回ったことを受けて、その業界の有志数社によって設立されたそうだが、１８７７年から公益社団法人となっている。現在、約９００社が加盟しているが、そのうちフランスの有名ブラン

ドは約70社あるといわれる。日本局もある。また、パリ郊外のブローニュの森近くで「贋物博物館」を運営している。ヴィトンをはじめ各ブランドの贋物オンパレードで面白かった。

2001年9月28日、在日フランス大使館は、ブランド品の贋物の密売グループを摘発した大阪府警に、「国際的な知的所有権の保護に貢献した」とする感謝状を贈った。この感謝状贈呈には、ユニオン・デ・ファブリカンの力添えがあったらしい。つまり、それはエルメスとシャネルとルイ・ヴィトンらが……、ということである（朝日新聞2001年9月30日付朝刊ＯＳ1面より）。

また、ユニオン・デ・ファブリカンは、ヤフー、ＤｅＮＡ（ビッダーズを運営）、楽天と協力体制をとって、ネット上での商標権を侵害した商取引を監視している。

筆者は有限責任中間法人ユニオン・デ・ファブリカン東京に出向き、堤隆幸・事務局長にもお話をうかがい興味深かったが、ことの性質上、そして組織犯罪という闇の世界に対峙するため、ほとんど活字にすることができないのが残念である。

## PRODUCT 5▽真贋判定禁止の法則　その1：リサイクルショップ編

法則名から短絡的に「真贋判定をしないので贋物が蔓延している」と考えてはいけない。むしろ逆である。この法則のテーマは「本物」を保証するのは誰かということである。ルイ・ヴィトンが「本物」であることを保証するのはルイ・ヴィトンの正規店だけ、ということにほかならない。したがって、本来は「PLACEの法則」なのであるが、PRODUCTの真贋判定にかかわっているという意味で「PRODUCTの法則」としている。

秦元社長は「日本でルイ・ヴィトンの正当なビジネスを行うべく取り組んできた」と述べてきたが、一連の取り組みの中で一番の精髄となる部分がここである。日本で商標登録をして、正規店を構えることは、正規店ではない商店から「本物」のお墨付きを与える能力を奪うことである。

本章前項の〈贋物駆除の法則〉（p33、36、37、41）にもかかわらず、この世にルイ・ヴィトンの贋物は、残念ながら数多く存在する。そして、ブランド物リサイクルショップには、本物に混じって贋物と思しき物も買取窓口に持ち込まれる。

ブランド物リサイクルショップに持ち込んだ際に本物という確信がなく「これって本物ですよね？」と査定担当者に尋ねたとき、「当店ではお取り扱いできません」といわれたことがあるだろうか？　もし、そういわれたとしたら、その品物は贋物である可能性が高い。

とある店に取材したところ、かつて、「査定の際に『ホンモノ』と『ニセモノ』という言葉を使わないようにしていただきたい」という通達が、ルイ・ヴィトンやエルメスなどから来たそうで、業界も呼応し、以後業界の暗黙の了解になったそうである。

また、贋物は「商標法」違反であり、買取も販売もできないので結局「当店ではお取り扱いできません」というフレーズを用いるようだ。お取り扱いできる商品を「基準内」と呼び、お取り扱いできない商品を「基準外」と呼ぶらしい。そして、疑わしきはアウト、つまり扱わないのが原則のようである。

並行輸入業者に関しても、ブランド物リサイクルショップ業界と同様であり、彼ら並行輸入業者にお墨付きを与える能力はない。「本物」のお墨付きを与える能力を持つのは、本家本元のブランド・メゾンのみである。

では、リサイクルショップで買うのは不安なのかというとそうでもない。リサイクルショップは、贋物を販売すれば「商標法」違反で捕まる。彼らも必死だ。ブランド物リ

サイクルショップや質屋として老舗で名が通っているような実績と信頼のあるお店や、日本流通自主管理協会（ＡＡＣＤ）に加盟しているお店での売買は、逆にいえば間違いはないかもしれない。なぜなら、「疑わしきは扱わず」なので、売買で扱っている商品は「疑わしくないもの」に限られているからである。万一、買ったあとで贋物と判明した場合、そのようなお店であれば販売責任を取ってくれるであろう。ただし、正規店以外で買った品物をリサイクルショップに持ち込む顧客が一番聞きたい言葉である「このルイ・ヴィトンのバッグは本物です」とはいってくれないのは、このような事情であると推測される。

## PRODUCT 6 ▽ 真贋判定禁止の法則　その2：マスコミ編

いままでも、インターネットでは散見されるが、「あなたにもできる！　ルイ・ヴィトンのホンモノ　ｏｒ　ニセモノ鑑定！　ここをチェックだ！」みたいな特集についてである。テレビ番組や、女性週刊誌などで見かけたことはないだろうか。

これは、商標の保護に逆行するような行為で、ルイ・ヴィトンにとっても、ブランド物リサイクルショップ業界にとっても、ユニオン・デ・ファブリカンにとっても害悪に

しかならない。

贋物製造業者にネタを教えてしまうことがおそれの第一と考える人が多いかもしれないが、筆者はむしろ、雑誌を読んだだけの素人が真贋鑑定をすると混乱を招くのがまずいと考える。そして、そもそも、流布されている真贋鑑定基準がウソかもしれないし、通用しないかもしれない。

「素人にもできる鑑定方法を、贋物製造業者がチェックしていないはずがない」と申し上げれば、そのナンセンスさがご理解いただけるはずだ。

贋物を鑑定することについては、リサイクルショップの店員のほかに、水際で贋物を阻止する税関の職員や最近警察に新設配置されたいわゆるブランドGメンはできるはずである。しかし、職務上知り得て守秘義務があるはずの鑑定方法がマスコミに出てくると考えること自体に無理がある。むしろ、この世の贋物を滅ぼすために、税関官吏やブランドGメンの仕事の邪魔をしてはいけない。

マスコミの真贋判定法が合っている場合と合っていない場合があるだろう。真贋判定法が合っている場合でも、ルイ・ヴィトンが持つ判定法がレベル10まであるとして、レベル1の判定法がマスコミに出ても、贋物製造業者も知っていることなので意味がない。そしてレベル1をクリアしているといって素人が本物と判定しても困る。贋物製造業者

が知らなくて、税関官吏やブランドGメンに知らされているレベル2の判定法は守秘義務があるのでマスコミに出るはずがない。税関官吏やブランドGメンにも知らされていないレベル3以上の判定法は企業秘密であるのでなおさらマスコミに出るはずがない。真贋判定法が正しくない場合は、読者が贋物を本物と誤判定したり、本物を贋物と誤判定したりすることになるので、ルイ・ヴィトンとしては看過できずリサイクル業界にも迷惑である。結局、雑誌を読んだだけの素人が真贋鑑定をすると混乱を招くのがまずいのであり、雑誌等の真贋判定法は百害あって一利なし、ということになる。

リサイクルショップ編、そしてマスコミ編と2法則にわたって解説した〈真贋判定禁止の法則〉を総括しよう。

ルイ・ヴィトンは150年間以上も贋物に悩まされ続けていた。「ホンモノ」のお墨付きを与える能力をルイ・ヴィトンだけが持つことは、その贋物に対しての最大級の反撃なのだ。

ファッションブランドと贋物の話になると、よく引き合いに出されるのが、ポール・ポワレとシャネルである。ポール・ポワレは、贋物の撲滅をひたすらに願って、モグラ叩きを挑んだが、最終的に根負けしたといわれる。そして、ココ・シャネル女史は、贋物がホンモノをいっそう引き立て、最終的には顧客がホンモノを欲しがることを看破し

ていたといわれる。

ファッションに限らず、ブランドは、『贋物を持つことは恥ずかしい』という心の持ち方を世間の中に構築し、顧客を啓蒙することに腐心している。これについて、「お墨付き」が最終兵器になるというのが、ルイ・ヴィトンの考えだ。そして、絶対に明言はしないが、正規店で買うことを勧める構造を作り上げている。このマネジメントはすごい。

本章〈贋物駆除の法則〉（p33、36、37、41）と併せて贋物対策活動全体を俯瞰して気がつくのは、ルイ・ヴィトンは情報の価値を認識し、そのマネジメントが卓越していることだ。どんな情報を公開し、どんな情報を秘匿するのか、換言すれば知る人が少ないことに利用価値があるのか、多く広く知られることに価値があるのか、わかっている。だから本物のルイ・ヴィトンの認知度と知名度、贋物対策活動の存在は積極的に知らしめ、真贋判定方法は企業秘密なのだ。

## PRODUCT 7 ▽ 山口百恵式引退の法則

新商品投入の際の限定モノには一定の効果があるのはもちろんであるが、その反対に、商品を廃盤にするときの話に移りたい。

ルイ・ヴィトンは旅行鞄の製造販売業に見えて、実はマーク・ジェイコブスとの共闘による〝ファッションブランド〟なので、当然ながら、廃盤品がたくさん出てもおかしくない。しかし、その品をつぶさに見ていくと、廃盤品の中に定番商品になっていくかもしれない余力と余韻と飢餓感を残しながら廃盤になっているものが紛れている。モノグラム・ミニの『カミーユ』『マリー』『ジュリエット』などである。ヴェルニの『ヒューストン』もオーソドックスな形状で人気アイテムだが、一部の色が廃盤になった。

人気も実力もあるうちに惜しまれつつ引退するのは、かの山口百恵式引退方法である。『カミーユ』と『マリー』以上に好きになれる品が出てくるのを、思わず待ってしまう未練の演出が巧妙だ。すでに生産をやめた品でも、100年越しに復活したダミエの例もあるし、もしかしたらスペシャルオーダーサービスなどでまた逢えるかもしれないと願ってしまうのは、まさに仮死する薬を飲んでまでもロミオと一緒になりたい「ジュリエット」ばりの熱烈な恋愛みたいである。

さて、陳腐化を防ぐ問題への対応として、一定数売れているアイテムの行く末については2種類の施策があるようだ。そのまま売り続けて定番商品にする施策と、山口百恵式引退をさせる施策である。

この判断基準は、ラインであると見た。

LVモノグラムやそれに準ずる保守本流ライン、つまり、エピやダミエなどのルイ・ヴィトン職人が発信したラインのアイテムは、そのまま売り続けて定番商品にする施策がとられて、ヴェルニやモノグラム・ミニなどのマーク・ジェイコブスによるファッション寄りのラインは、ファッションらしく山口百恵式引退をさせる施策がとられているように見受けられる。

販売数と露出の多さはイコールであり、露出が過多になると陳腐化するので、「せっかくファッション寄りのラインの鞄なのに、みんな持っているとツマンナイ」という不満が発生するのを避けるべく、セレクティブ・ディストリビューション（商社や問屋を通さずに流通を自前でコントロールし、販売する店舗までをみずからのブランドに適するようにすること。具体的には、扱うブティックをたとえば主要都市、人口100万人につき1店舗といった割合で配置し、さらにブティック1店舗に置く同じアイテムを1着、多くても2着と制限する配慮のこと）の見地から、廃盤にするのではなかろうか。売り切れ次第閉店する有名ラーメン店のように、どうやら販売予定数量に達したら打ち切りにしているふうに見えるのだ。

個性的でありたいと、先端を牽引する力と、乗り遅れたくないと最後尾を押し上げる力が、ファッションをかたち作っているのだとしたら、ルイ・ヴィトンはその開幕と閉

幕をしっかりコントロールしているといえよう。

## PRODUCT 8 ▽ セカンドライン禁止の法則

### その1：マスの需要を無視する法則

セカンドラインとは、ディフュージョン（普及）ラインとも呼ばれ、メインラインよりは相対的に低価格なラインのことである。

ルイ・ヴィトン以外のブランドでは、セカンドラインを持つのが一般的である。しかし、ルイ・ヴィトンはセカンドラインを持たない。それはなぜかという疑問がある。

まず、セカンドラインに取り組むというマネジメントは、アメリカで盛んになった。タキヒヨー一族の滝富夫がかかわったアン・クラインⅡやDKNYが典型的であるが、そのほかに、プラダのミュウミュウやアルマーニのエンポリオ・アルマーニなどのイタリア勢もセカンドラインに取り組んでいる。

そして、ルイ・ヴィトンのデザイナーであるマーク・ジェイコブス自身の名を冠したブランド（シグニチャーラインなどと呼ばれる）であるマーク・ジェイコブスにも、マーク by マーク・ジェイコブスなどが存在する。

アメリカのブランドと、アメリカ人によるブランド、そして、アメリカの顧客を向い

た仕事をしようと目論むイタリアンブランドがセカンドラインに取り組んでいると簡単にいってしまってよいのだろうか。実はそうではない。

ここで見えてくるのは、メゾン志向のブランドとマーケティング志向のブランドとの姿勢の違いである。

ここで、メゾン志向ブランドといっているのは、そのブランドの歴史的蓄積を尊重し、機械での大量生産よりも、伝統のクラフツマンシップを優先させるようなブランドとしている。１００年前後の歴史を持つメゾンブランドというのは欧州が本場だ。

一方、マーケティング志向ブランドというのは、マーケティングをブランドの歴史的蓄積と対等以上に扱うブランドとする。マーケティングというのは、アメリカで20世紀に入ってから生まれたといってよく、せいぜい数十年前か１００年前に出てきた話である（長沢伸也著『おはなしマーケティング』日本規格協会、１９９８年）。

もっともメゾン志向が高いブランドはエルメスであろう。エルメス ジャポンでは、「マーケティング」という部署がないどころか、そもそも概念がないそうだ（長沢伸也編著『老舗ブランド企業の経験価値創造――顧客との出会いのデザイン マネジメント』同友館、２００６年）。

メゾン志向が高いながらも、マーケティングを駆使しているのがルイ・ヴィトン、そ

してシャネルだ。

出自はメゾンブランドであるものの、マーケティング志向がきわめて強いのがグッチとプラダだ。グッチは殺人事件まで起こったお家騒動があったため、メゾンの要素がほとんど失われて、アメリカ人のデザイナー（正確にはクリエイティブ・ディレクター）トム・フォードとアメリカで弁護士として活躍していた社長ドメニコ・デ・ソーレの二人がマーケティングに基づいてやっていた。実際のところ、トム・フォードとドメニコ・デ・ソーレのコンビがこの数年間に再興したブランドであるといってもよいだろう（このコンビは２００４年に同時にグッチを辞めている。２００５年以降、二人揃って新ブランドを立ち上げることになったとたびたび報じられている）。プラダも、ミウッチャ・プラダの祖父のマリオ・プラダの代からのメゾン（１９１３年〜）だが、現在の黒のナイロンの商品群を見る限り、ほとんどミウッチャが一代で興したブランドだといってもよさそうだ。

グッチとプラダ、それ以上にマーケティング志向が強いブランドに共通していえるのは、出発・再出発からの歴史が浅いということだ。

ブランドにとって、時間や歴史の蓄積が非常に重要な要素であることはご理解いただけることにする。

頼るべき歴史の蓄積を持たない新興ブランドが、そのハンディを乗り越えて一流ブランドになろうとするならば、歴史の蓄積の代わりにマーケティングに頼らねばならない。歴史は不可逆のものなので、歴史の蓄積で先行されたところに追いつくことはできないから、マーケティングで逆転を狙うほかないのだ。そして、マーケティングの見地から、コレクションラインの高価な製品を買えない層の消費者のために安いセカンドラインを作って売り出そうという行動に出るのではあるまいか。

アメリカのブランドにセカンドブランドがある理由を、別の切り口から述べてみる。欧州のブランドは、相変わらず、基本的に貴族向け・エスタブリッシュメント向けであり、庶民たちはある種の節操を持って、貴族向けブランドに手を出そうとしないという要素がある。

欧州各国で、ブランドの顧客になり得る人は、社会の上層の何割かだそうだ。身分不相応のものを持つと「盗んだのか?」と疑われるのだろうか。ブランド品がエスタブリッシュ向けだということは、気取ったロックミュージシャンなどが嫌う対象なのだろうか。

そして、アメリカつまり新大陸では、貴族などの身分が存在しない。身分の区別をしないので、庶民向けブランドがあってもいいじゃないかという自由さが、要素としてあ

るのではないか。

ただし、新大陸でも、お金持ち層ができてきて、それら擬似的貴族層のためのエレガンスを備えたブランドもある。ティファニーやハリー・ウィンストンは新大陸的ラグジュアリーブランドだと思う。

メゾン志向ブランドは、コレクションラインの高価なものを買えない消費者のために、手を差し伸べるということはしない。「買えないのなら買わなくてよい。当店の顧客に加わっても恥ずかしくないような身分になってから買いに来なさい」という態度を示すだけだ。この高飛車ともいえるお高い姿勢は「マーケット・イン（お客様は神様です）」とは対極にある「プロダクト・アウト（殿様商売）」といえる。なお、本章〈クリエーションはプロダクト・アウトの法則〉（p74）も参照されたい。

そして、マスの需要に対しては無視して供給せず、上得意との付き合いに注力するという、ロイヤリティ・マネジメントでもあるのだ。

## PRODUCT 9 ▽ セカンドライン禁止の法則　その2：下方伸張禁止の法則

そして、これまでに述べてきた理由以上に、ルイ・ヴィトンがセカンドラインを持た

ない重要な理由があると思われる。

セカンドラインというのは、要するに廉価版である。値段相応に少し劣った品物で、はっきりいうと安物である。メゾンブランドが安物を作ろうとすることはない。ルイ・ヴィトンの名を冠した安物など許されない。

そもそも、プレタポルテは、王侯貴族・上流階級向けオートクチュールの平民向け廉価版である。

いまどきの日本語における「セレブリティ」という言葉は、しょっちゅう広告などで出てくるので、卑しめられて安っぽくなったけれども、本来の意味として、真に「セレブリティ」と呼ぶべき層がメゾンブランドの真の顧客である。「セレブリティ」層の人の普段着、あるいはそれより下の層のおしゃれ着なのがプレタポルテである。これよりも下まで伸ばすことはない。ルイ・ヴィトンはオートクチュールを持っていないけれども、プレタポルテ以下まで伸ばすことはない。

日本語に「高嶺の花」という言い方がある。「自分には手の届かないもの」を指す。本物の「高嶺の花」が、文字どおり高山植物の可憐な花であれば、その花は清く壮麗な山の頂に咲くことに意味があるのではないか。むしり取って鉢植えにし、平地に持ってきても枯れてしまう。メゾンブランドが扱う高級贅沢品は、本質的に「高嶺の花」なの

ではないか。

学者たちのブランド論では、「下方伸張」という論点があるが、メゾンブランドやラグジュアリーブランドにとっての「下方伸張」とはセカンドラインを持つ、あるいは増やすことにほかならない。しかし、メゾンブランドの下方伸張には限界がある。

アメリカのブランド論は対象がコカ・コーラやマクドナルド、P&Gだったり、イギリスのブランド論は無形資産の会計の話だったりする。そして、それらのブランド論では、ブランドの伸張はよいことだとするのが大勢を占めている。

問題なのは、取り上げられている対象が典型的なマス・マーケティング（mass marketing：大量生産、大量消費時代を象徴するマーケティングの手法。市場全体、一般大衆を対象に、テレビ、ラジオ、新聞、雑誌などのマス・メディアを活用して大量広告を行い、少数のアイテムの製品の大量流通を行う）の企業であって、メゾンブランドやラグジュアリーブランドではないことだ。アメリカ式ブランド論などの考えと枠組みに、メゾンブランドやラグジュアリーブランドをはめ込もうとしても、アメリカにはメゾンブランドやラグジュアリーブランドがないので、所詮ないものねだりだけれども。

ブランドを考えている経営学者とて、みな、この「高嶺の花」の意味と価値を感じとってはいるのだけれど、右脳的な「感性」や「ファッション」「デザイン」の領域に対し

て、左脳的な科学的な理由をつけて論理的に説明するのが難しいので、踏み込めないでいるようである。しかし、今後は「下方伸張しないことで生まれる価値」ということについて挑み、研究を進めなければなるまい。

世の中では、ブランドマネジメント論やブランドマーケティングが大流行で、書店にブランド論コーナーができているくらいである。企業もブランドマネジメント担当の部署を創設してブランドマネジャーが当該企業のブランド価値を高めようといろいろ努力されている。しかし、筆者が見るところ、いろいろとやりすぎているのではないか。この〈セカンドライン禁止の法則〉が持つ「下方伸張しないことで生まれる価値」のように、何かを積極的にするのではなく、何かを積極的にしない、あるいは積極的に止めることも一考の余地があるのではないか。

なお、2003年から、シティバッグ（トートバッグ）のラインとして『オタナ』と『アンティグア』が投入された。ローエンドのものは7万円ほど（2007年5月現在）なので、セカンドラインと考える向きもあるかもしれない。しかし、トートバッグという違う種類である。並のものは数百円程度のトートバッグにあっては、きわめて高価といえる。

# PRODUCT 10 ▽ ライセンス禁止の法則

ライセンス生産方式とは、他社が開発した製品を一定のロイヤルティーを支払って実施権を得てその社の仕様どおりに生産することである。

セカンドブランドに絡んで、ファッションブランドでよくいわれるライセンス・ビジネスについて述べる。

ライセンスを出さずに、一切を自社の管理のもとに置くのはＬＶＭＨの各ブランドに共通するマネジメント手法である。これによりケンゾーもクリスチャン ディオールも大分ライセンスを打ち切った。

ルイ・ヴィトンは、ＬＶＭＨグループになる以前から、１５３年間これまでライセンス生産はいっさいしてこなかった。

ライセンスの乱発ということで、悪例のようにいわれる海外ファッションブランドがある。あまりにもたくさんのライセンスを出しているので、「汗を拭くタオルにも、トイレのスリッパにもそのロゴマークがついている」などと揶揄されたりする。ライセンスの契約も、契約のマナーである１業種１社を破り、同業種の他社とも契約をして一度な

らず訴えられたこともある。

前著『ブランド帝国の素顔　LVMH モエ ヘネシー・ルイ ヴィトン』では次のように述べた。

「ライセンスは麻薬か劇薬のようである。ブランド価値があるから、ライセンスが成り立つ。しかも、そのライセンスをすることでブランド価値が当事者にも認識できることになるし、サイン一つで後は相手が生産・流通・販売までをすべて請け負ってくれて、寝ているだけでロイヤルティーが入る。一度始めたらやめられない。株式を公開している企業であれば、収入増にともない、株価が上昇して時価総額が増え、一時的にせよ株主を潤すこともできる。

しかし、高価な服と安価なスリッパに同じブランドのロゴがつけば、ブランド価値はいずれ下がっていく。この麻薬を我慢するの難しい。精神論だけでなく、ライセンスをやめて、生産・流通・販売のすべてを自前で整えるには資金と時間が要る。伸び盛りの成功している中小ブランドが、ライセンスを我慢するのは非常に難しいことだろう」（長沢伸也著『ブランド帝国の素顔　LVMH モエ ヘネシー・ルイ ヴィトン』日本経済新聞社、２００２年、p２２８）

結局、ライセンスは短期的にはブランド価値が利益を生み、長期的にはブランド価値を下げてしまう。日本でもライセンスを乱発したファッションブランドがあるが、近年経営が行き詰った。

ライセンスの話題になると無視できないのが香水である。大体の場合において洋服が本職であるファッションブランドは、香水に関する技術も売り方のノウハウもない。香水のビジネスは服のビジネスと違うマネジメントが必要であるので、ライセンスにして外部の専門業者に任せることも少なくない。

ルイ・ヴィトンは現在のところ、香水を出してはいない。かつて、3代目ガストンの時代には出していたようであるが、いまは扱っていない。クチュール、シューズ、バッグなど、業種を問わず、一流メゾンになったら香水を出すというのがヨーロッパブランドの通例（?）だというのに、ちょっと珍しい状況である。

ＬＶＭＨは、かの香水の老舗ゲランも保有しており、ゲランとルイ・ヴィトンはともにウージェニー皇后に愛されたブランドであるから、その縁で、ルイ・ヴィトンの香水をゲランが技術協力をして製作することもあり得る。前例もある。ＬＶＭＨグループの高級時計ブランドのゼニスのムーブメントを組み込んで、ルイ・ヴィトンは２００２年

本格的に時計を発売したのである。だから、香水でも単なるライセンスではなく、ゲランと組んで出す可能性もあり得ないことではないであろう。



## PRODUCT 11 ▽ 噛ませ犬禁止の法則

学者的ブランド論におけるブランドのマトリクス（≒位置づけ戦略）という論点では、セカンドブランドをライバル会社の旗艦ブランドにぶつける噛ませ犬にすることや、自社の旗艦ブランドを守るための捨て屈《かま》りにするということもいわれる。

ライバルのヒット商品にちょっと似た感じのものを出して、ライバルのヒット商品の売れ行きを減衰すること、自社のヒット商品に他社の攻撃を受けないよう、盾となる位置にもう一つブランドを出すということだ。

身近な例でいえば、飲料ではこういうことがしょっちゅう起こっている。はちみつレモン味だとか。なんとかサプリだとか。機能性飲料だとか。テアニンのお茶だとか。カテキンのお茶だとか。アミノ酸だとか……。仁義なき戦いだ。キリンビバレッジは同社のメガヒットドリンク「生茶」の類似品「生茶もどき」と対抗して「生茶」の防護壁としての役割も持たせるため、同じチームが「聞茶」を開発した経緯がある（長沢伸也・

川栄聡史共著『キリン「生茶」・明治製菓「フラン」の商品戦略――大ヒット商品誕生までのこだわり』日本出版サービス、２００３年、および、長沢伸也・榎新二共著『ヒット商品連発にみるプロダクト・イノベーション――キリン「ファイア」「生茶」「聞茶」「アミノサプリ」ブランド・マネジャーの言葉に学ぶ』晃洋書房、２００６年）。

噛ませ犬や捨て屈りにするブランドについての話は、ラグジュアリーブランドにとっては、基本的に関係のないことだろう。

よそのブランドが出したからウチも出そうとはならない。たとえば、サングラスを売っているブランドは多々ある。ジャンニ・ヴェルサーチのサングラスは迫力抜群で格好よく、グッチのサングラスはセクシーであるが、ルイ・ヴィトンのアイウェアの『キャッツアイ』はクリスタルガラスの飾りつけの可愛らしい猫目である。エルメスにはサングラスはない。自分のブランドの雰囲気を無視して、他社のサングラスに対抗するサングラスを発売するようなことはしない。

たとえばルイ・ヴィトンのグラフィティ（落書きの意）ラインが世に出た直後、文字をペンキ筆で書き殴ったようなデザインが氾濫した。プレタポルテ・コレクションのあとには、注目のデザインとよく似た服が街のショップに並ぶ。それこそファッションではあるが、噛ませ犬に噛まれてもトレンドセッターは譲らないし、みずからは噛ませ犬

を出したりはしない。孤高のメゾンのアイデンティティないしは存在理由なのであろう。

## PRODUCT 12▽入門ブランド禁止の法則

セカンドラインや次項の入門アイテムとはちょっと違う「入門ブランド」という言い回しもある。

たとえば、トヨタというブランドへの入門は、まずは大衆車カローラであろう。カローラから徐々にステップアップして、高級車のクラウンやレクサスに乗り継いでいってほしいという構造において、カローラの位置を入門ブランドという。そういえば、「いつかはクラウン」という広告コピーもあった。

ルイ・ヴィトンを無理やりそれに当てはめたら、クラウンやレクサス級のものしかなく、カローラに相当するものがないという格好になる。お安いアイテムであるキーホルダーや財布は、カローラに相当するものではない。これらは旅行鞄の安いものではなく、あくまでもキーホルダーや財布であり、高級キーホルダーや高級財布である。つまり、その種類のものとしては高級品なのだ。

この構造の違いを外側から観察してみる。

トヨタは１００万円そこそこのヴィッツと、見るからに業務用といった実用車のハイエースと、タクシーの車のコンフォートと、５００万円ぐらいするクラウンを同時に扱っている。これでは、コンビニやホカ弁屋さんの３８０円の弁当と、まかないのご飯と、料亭のデパ地下御膳５０００円を同時に扱っているようなもので、ピンからキリまであるために、ブランドのイメージが安定しない。

やはり、トヨタはそこを気にしていたようで、意図的にトヨタの名前を前面に出さない、高級で高止まりのブランドとして「レクサス」を売り出した。レクサスの名前でヴィッツのような大衆車や業務用車両を出すことはあり得ない。

英語圏の顧客には、Luxuryをもじったような Lexus というネーミングも受けたようで、アメリカでは Lexus は高級ブランドとして認知されている。松下電器やシャープも、総合家電メーカーであるから、洗濯機・掃除機からテレビまで扱っている。すると、液晶やプラズマなど最先端技術を駆使した高価な薄型テレビが「松下」や「シャープ」ブランドで売られること自体、高級感の演出に限界を感じたのであろう。そこで「ＶＩＥｒＡ」とか「ＡＱＵＯＳ」という商品ブランドを確立しようと苦心しているように見受けられる。なお、シャープ「ＡＱＵＯＳ」の高級感のつくりこみについては、長沢伸也編著『経験価値ものづくり――ブランド価値とヒットを生む「こと」づくり』（日科技連

出版社、2007年）に詳しい。

安い物を扱わないルイ・ヴィトンのイメージは、終始高止まりである。

## PRODUCT 13 ▽ LVモノグラムのズレ禁止の法則

モノグラム製品の法則として、LVの図柄が、かならず製品の正面・中央にくるように作るという法則がある。構造上LVを中央に持ってこられない場合は、左右対称（シンメトリー）になるように配置する。これはバッグでも、トランクでも、小物でも変わらない。

日本では、表紙にLVモノグラムが使われている書籍・雑誌は筆者の知るかぎり4冊ある。

・『ルイ・ヴィトン――ルイ・ヴィトンの秘密と全製品カタログ』（西尾忠久著、グラフ社、1979年）
・『広告批評』1999年3月号
・『エスクァイア日本版』2000年1月号増刊
・『週刊東洋経済』2001年8月25日号

がそうである。

『広告批評』、『エスクァイア日本版』、『週刊東洋経済』はルイ・ヴィトンに関する特集号である。容易にはLVモノグラムを他所に使わせないルイ・ヴィトンであるが、特集の中身も濃厚で、表紙に負けていない。前者二つは、こげ茶のLVモノグラム・キャンバスの柄で、『エスクァイア日本版』は白のヴェルニのような型押しである。

西尾忠久著『ルイ・ヴィトン――ルイ・ヴィトンの秘密と全製品カタログ』は、現在絶版になっている。これがなぜ絶版になったかというのは、ルイ・ヴィトンマニアの中では有名で、かつ興味深い話である。それは、表紙のLVモノグラムが1・18倍に拡大されていて、わずかに左へ寄っていたことを理由に、4代目アンリが「即時絶版にするか重版しないこと」を求めたからである。佐々木明著『類似ヴィトン――巨大偽ブランド市場を追う』（小学館文庫、2001年）のあとがきが西尾忠久で、この件について触れている。

初版の分は世の中に出回ったが、図らずも珍品中の珍品になってしまったためか、ネットオークションでおそろしい値段がついているのを見かけたことがある。

筆者は図書館で実物を確認できたが、本の内容は工房を取材した写真などが満載であり、実に素晴らしい。

左右対称にLVを配置しているものとしては、『SPUR』2002年10月号の「ようこそ　ルイ・ヴィトン表参道ビルへ」のCD―ROMがある。CD―ROMの真ん中は穴なので、構造上LVを中央に持ってこられない。そこで右上・右下・左上・左下に四つのLVがくるようになっている。

本やグッズではなく、ルイ・ヴィトンの製品の中でも、中央に錠前がくる製品などは左右対称のパターンになる。ちなみに、ワールドカップのフランス大会でのモノグラムのサッカーボールは、六角形の箇所にLVがきている。

LVモノグラムはブランドの魂であり、魂がズレることはあってはならない。すさまじいまでのこだわりである。

## PRODUCT 14 ▽ 自前生産の法則・アウトレット品発生禁止の法則

自社の工場ではなく契約した工場で製品を作らせて、自社の店舗ではなく卸に渡して、ハイおしまい。という商売は、工場の設備投資、販売管理費、リスク、いろいろなものから解放されて身軽になるやり方で、コストとしてはこれが一番である。しかし、ブランドマネジメントとしては失格だ。はっきりいって、自殺行為である。

LVMHグループの基幹ブランド社は、ライセンスを打ち切って直営で販売する方式に切り替えている。これの目的は、生産についてはアウトレット（工場からの横流し）を出さないことを目的としており、販売については、マーケティングに一貫性を持たせること、またはマーチャンダイジング（merchandising：マーケティング活動の一つで、消費者の欲求を満たすような商品を、適切な数量・価格で市場に提供する企業活動。商品化計画）の最適化をすることを目的としている。

川の流れは一本であるべきだ。治水が大事である。川上（生産）のところでアウトレット品が出て、流れが二股以上に分岐した場合、川下（販売）で本流の治水をしても、分岐した流れが氾濫して洪水になる。

アウトレット品が発生する典型的なパターンを簡潔に述べる。

製造の途中で不良品が出ることを見込んで、最終的に納品する数よりも、ちょっと多い数で作り始めるのだが、幸運にも不良品が少なかったら、納品する数よりも多くの完成品を得てしまう。予定数の納品を済ませたら、残った品はどうしようか。ブランドの会社に納品されず、その販売経路を通過しないというだけで、品物自体はホンモノとまったく同一。これがアウトレット品になる。

ルイ・ヴィトンとエルメス、シャネルやロレックスあたりは生産から販売まで管理が

大変しっかりしていて、アウトレット品が出ないと賞賛されている。それもそのはず、これらのブランドは、自前で育成した職人が自社の工房で作っているのだから。

生産については潔癖主義・純血主義であり、できた製品は世界各地の直営店を中心に正規店でのみ販売する。

なお、ブランド物リサイクルショップや並行輸入業者が『新品』という言葉を使うのは本来はおかしい。日本語を正しく用いるには、ルイ・ヴィトンの店での最初の販売時点が『新品』であり、その後は『未使用品』『未開封』といわなければいけない。

「正規店でない店で買わない、買わせない」という構造を得られるのならば、契約工場で製品だけを作らせて卸に渡す方式で得られるコストダウンを相殺してお釣りがくる。もし、相殺しきれず、自前生産で自前流通するのがコストアップだとしても、ブランド価値の維持管理コストと思えばペイするのである。

## PRODUCT 15 ▽ スペシャルオーダーの法則

ルイ・ヴィトンにはスペシャルオーダーというサービスがある。自分だけの、世界に一つしかないカスタムメイド品やオーダーメイド品を作ってほしいというワガママさん

時事

**ルイ・ヴィトンのスペシャルオーダー トランク**

ルイ・ヴィトンにはスペシャルオーダーサービスがある。写真は、ルイ・ヴィトン松屋銀座店の2000年11月のリニューアルオープン時に陳列されたスペシャルオーダー トランク。引き出しがあるので、化粧道具を入れるビューティートランクであろう。

のための特注の受付だ。

スペシャルオーダーには2種類ある。

（1）現行製品の素材変更（モノグラムの製品をエピで作ってもらうなど）、ポケットの追加などを注文する「メイド・トゥ・オーダー」

（2）まったく新しいものを特注する「カスタム・メイド」

今回取り上げるのは、「カスタム・メイド」だ。

「あなた専用のもの」ということに関しては、パーソナルキーサービスとイニシャルサービスもある。2代目ジョルジュが作った、ピッキングで開けられない5枚羽根の鍵(現在はケタが増えたので6枚羽根)を顧客一人ひとりの専用の鍵として作成するサービスである。鍵を作る際に、氏名と鍵の番号がパリの顧客名簿に永久登録されるので、鍵を紛失してもふたたび同じ鍵を作成してくれる。希望に応じて、その人専用の鍵でその人のトランクすべてが開けられるようにすることも可能である。

イニシャルサービスは、自分のイニシャルをペイントか型押ししてもらえるサービスで、これができる品とできない品もあるが、アルファベット2文字(ミドルネームがある場合は3文字)まで無料で利用できる。

このスペシャルオーダー、ワガママさんの要望に応えるサービスであると同時に、ルイ・ヴィトンにも大きなメリットがある。

顧客が何を入れるトランクや鞄をルイ・ヴィトンに作ってもらいたいか、顧客のニーズや考え方の情報が直に入ってくる。過去にアイボ・ケース(犬小屋鞄)のスペシャルオーダーもあったようだ。

そうした情報が入ってくる装置としても大事だが、なにより、スペシャルオーダーを

作ることで職人が鍛えられる。

日本からのスペシャルオーダーの定番としては、お茶の野点の一式を入れるお茶ケースがあるそうだ。

つい最近も日本人によるスペシャルオーダー製品を見た。

歌舞伎の11代目市川海老蔵襲名（2004年）披露のために、父である12代目市川團十郎丈がオーダーした化粧箱である。歌舞伎役者は自分で化粧するので、使いやすいようにと團十郎丈直筆のスケッチでオーダーしたもので、できあがったモノグラム・キャンバスの化粧箱と團十郎丈直筆のスケッチが、5代目パトリックと子息ブノア（6代目）、イヴ・カルセル会長、團十郎丈・海老蔵丈との記念撮影とともに、襲名興業時に歌舞伎座や大阪松竹座、名古屋御園座、京都南座、博多座で披露されていたのを現地で確認した。

また、映画「オーケストラの少女」でも有名な往年の名指揮者レオポルド・ストコフスキーがオーダーした、ストコフスキーのデスクトランクがある。大型で、指揮活動の旅先で楽譜などを読むためと思われる組み立て式の机が仕込まれてあり、これをモデルに作曲家の坂本龍一がオーダーしたスペシャルオーダー製品が、リニューアルされた銀座並木通り店に飾ってあった。ただし、左利きの坂本のために机のつく位置が本来のス

トコフスキー・モデルと逆になっていたのが、いかにもスペシャルオーダーと思わせた。

ここにはルイ・ヴィトンの意地がある。だから、スペシャルオーダーの総責任者は、ほかの誰でもなく5代目パトリックなのだろう。

初代ルイ、2代目ジョルジュ、3代目ガストン、4代目と呼ばれるのは二人いて、兄アンリと弟クロード、そしてクロードの長男の5代目パトリック。153年、5代、六人によって研鑽されてきたルイ・ヴィトンの技術と美意識でスペシャルオーダーを統括する。

## PRODUCT 16 ▽クリエーションはプロダクト・アウトの法則

一般の製品のようにニーズを調査してそれに基づいた製品を作って、お客さんに提案することを、受身とはいわないが、ファッションとしてはこれでは後手になる。ジョン・ガリアーノがボロボロの服を発表する以前に、「クリスチャン ディオールに新聞紙の継《つ》ぎ接《は》ぎでできたボロボロの服があればいいなあ」というニーズがあっただろうか。ニュールックの焼き直しに飽きていた人はいたかもしれないが、ディオールのボロボロの服を見たいと思う人はいなかっただろう。ファッションはトレンドセッターにならな

ければ輝けないから、ニーズを汲み取っているようでは遅い。ニーズ以前の、気分や風潮のようなものを、先読みして、再来年発表するコレクションで、時代の先端を走るようなことを考えなければならない。

「革新」を行うなどして、コンテンポラリー性を維持するのも大切だが、未来を夢見ることも大切だ。自分のブランドが将来どうなろうとしているのか明確に示さねば、ブランドの持つ、他との区別の機能が不発になる。

近未来の夢を製品で見せてくれること。日本人デザイナーのパリのブランドはこの辺が実に上手い。秦元社長もよくお召しになっているイッセイミヤケを例に挙げると、「A―POC」や「プリーツプリーズ」などはもちろんのこと、平時に店に並ぶ商品も興味がそそられるものが多い。麻のような風合いの「擬麻コットン」や和紙の縒《よ》り紐で編んだ服など、不思議で未来的な素材のものもある。島精機製作所やブラザー工業にこの服を作れるマシンがあったのかと、技術の元を考えてしまうものもある。

普段は硬派なルイ・ヴィトンだが、2000年記念のミレニアムコレクションには、SFっぽいアイテムがたくさん登場した。サイバーエピは、ブラックライトでモノグラム柄が浮かび上がる素材だった。

かつて、ルイ・ヴィトンはプラスチックをトランクに使おうと挑んだことがある。そ

の名も『チャレンジ』といい、少数生産され、すぐ中止になった。その理由は、せっかくプラスチックを用いたものの、強度と重量に職人が納得しなかったためといわれる。ルイ・ヴィトンの商品において、先端を走るデザインをするのは、マーク・ジェイコブスと、マークが連れてきたデザイナーたちの仕事だ。

マーケット・イン（お客様は神様）は重要だが、当代一流のファッションデザイナーによる一流の創作は、幸福なプロダクト・アウト（product out：生産・販売計画に基づいて、市場へ製品やサービスを投入すること。殿様商売）になるときもある。いや、そうでなくてはならない。

## PRODUCT 17 ▽ 無機質な品番の商品にしない法則

ルイ・ヴィトンは名無しの商品を出さない。全部名前がついている。小物は「○○入れ」という名前だったりするけれども。

ユーザーが愛着を持つ効果は大事である。本書でも『アルマ』などの商品名を述べているが、知っている人ならば、すぐにあの鞄を連想できる。

ネーミングも、意味を持つものが多い。Keep All の『キーポル』（Keepall）や、スティ

ーマー・バッグの『スティーム』は旅客船の蒸気のことだ。

まず形によって名前がつく。たとえば円筒型の本体に取っ手がついた小振りなバッグは『パピヨン（仏語で蝶）』といい、モノグラムでこの形のものはモノグラム・ライン『パピヨン』、ダミエでこの形のものはダミエ・ライン『パピヨン』という。『ロックイット』などもライン横断的に用いられる。

名前の例を挙げると、『ソーホー』や『ブロードウェイ』などの「街の名前」。『インパラ』など「動物の名前」。『ダヌーラ』や『マッツィー』などの「ヨガのポーズの名前」。ロバートの愛称『ボビー』などの、「男性のニックネームの名前」。『ウラル』や『バイカル』のような「山や湖の名前」など。

数字や記号だけの品番、たとえば「ＭＧ４３０」などという商品名であったとしたら、無機質な響きであることこの上ない。

## PRODUCT 18 ▽ これ見よがしの法則

まず、大胆にいって、素人はモノ、とくに高級品の良し悪しがわからない。

マーケティングの価格戦略の用語を用いていえば、素人は製品属性情報を正しく判断

しかねるということだ。

ここも工夫のしどころなのだ。発想を変えて、これ見よがしに素人にもわかるような品物、素人にも品質がよいと思ってもらえるようにすることが重要である。

人は本質と違うところを根拠にして、本質を評価するときがある。

ルイ・ヴィトンのトランクは頑丈であり、2代目ジョルジュの手による鍵はこじ開けるのが至難であるという。

さて、機密書類の入ったルイ・ヴィトンのトランクが敵方スパイに盗まれたとしよう。敵方スパイにとってトランクの中身が必要ならば、トランク自体を鋸で切ればよいのであって、錠前は意味を成さない。真実、ルイ・ヴィトンのトランクは木製なので手提げ金庫よりも壊れやすいのだが。

しかし、ルイ・ヴィトンの製品には錠前がついている。ファスナーの引き手の部分が南京錠のような形をしていることもある。南京錠は飾りとしてプラプラ振れるのがカワイイのかゴツイのかは感じ方次第だが、錠前というモチーフ自体が、まるで漢字の文字のように「堅牢」などの意味を含有しているため、ルイ・ヴィトン＝錠前＝堅牢という発想の連鎖を引き起こすのが目的であろう。

もう一つ、ルイ・ヴィトンのハンドバッグは、ぐるっと一周巻きするのが基本である。

ぐるっと一周巻きというのは、袋の側面の布地が、底面を通って反対側の側面まで及んでいる様子を指している。取っ手から連なる紐も底部をぐるっと回る。

底面で縫い目があるよりも、一体型のほうが、縫い目から綻《ほころ》びる心配もなく、素人の目に頑丈そうだと映る。

底面での工夫も然り、底鋲《そこびょう》というのをつけ、かばん底部の布地が地べたに直接触れるのを避けている。

# 第2章

# PRICE（価格）に関する法則群

The Principles
*of*
LOUIS VUITTON

ルイ・ヴィトンの法則

ルイ・ヴィトンの戦略を、マーケティングの４Ｐ（製品・価格・流通・販促）ごとに体系的に分析し法則にまとめているが、次にPRICE（価格）について見てみる。通常のマーケティングでは「安い価格」が求められる。そのため、原価低減や中国などへの生産拠点の移転などが行われることになる。しかし、ルイ・ヴィトンの鞄は高価格である。物を入れて運ぶだけであれば、ここまで高価格である必要はない。本質的には、価格ではなく価値、それも相対価値ではなく絶対価値である。PRICE（価格）に関する法則群の多くは、秦郷次郎が日本代表となってから改革したものが成功し、グローバルになったものである。

# PRICE 1 ▽ 法外価格禁止の法則

単に高価格であることが、高級品であるわけではない。製品にはそれが完成するまでの背景がある。

素材、部材調達、工場での製品化工程、流通、物流経費、関税等の諸経費がベースとなり、値段が決定される。一つひとつの行程が高品質のものは、おのずとかかる費用も増し、値段が上昇する。その値段は製品の質に言及するものであり、適正価格の相場が決まる。

その適正価格が顧みられず、希少であるから高価格なのは当然と、価格を跳ね上げ利益をむさぼる傾向が、１９７０年代は氾濫していた。ルイ・ヴィトンが日本に進出した１９７０年代当時は、まだ日本国内ではアメリカドルなどの外貨や、海外資本による小売店舗も限られていた。絶対的な品不足の環境下、登場したのが「並行輸入業者」である。

並行輸入業者は一般旅行者を装って、ルイ・ヴィトンの本場であるパリでルイ・ヴィトン製品を一度に大量に買い取る。その製品を日本に持ち帰り、法外な価格で売ったの

である。この日本人の買い付け騒ぎは、ルイ・ヴィトンにとって売上につながるとはいえ、当時はファミリー経営を逸脱しない慎ましやかな営業をしていたパリの店は、居並ぶ旅行者が店の前で行列を作ることにいささか当惑し始めていた。結果、ルイ・ヴィトン社は日本人客に対する販売の制限をするようになったのだ。

当時の輸入品、高級品ブームによる度を超えた日本での価格設定は、ヨーロッパからの輸入品は現地価格の2〜2・5倍が相場であり、並行輸入の場合は、品不足に乗じて3倍もの値段がついていたという。

このように適正価格とはかけ離れた法外な価格で市場に出回っているうえに、販売店によって価格が異なるという状況下に設立した、ルイ・ヴィトン日本支店の最大の目標は、ルイ・ヴィトン製品の販路を正し、ルイ・ヴィトン製品を適正価格で日本市場に売り出すことであった。

そこで秦元社長は、日本の価格はフランスの1・4倍、つまり40パーセントアップに抑える政策を打ち出した。これは『適正な価格で息の長いビジネスをしたい』という考え方であったが理解されず、乱売だとみなされたため、同業者からの非難は相当のものだったようだ。当時はまだ、高級なものは高額でいいという考え方があり、一般の人が欲しくても、手に届かない値付けをすることにより、希少性を際立たせる商法がまかり

通っていたからだ。

この政策の結果、現地価格の40パーセントアップに抑えられた価格は、世の女性に大いに受け入れられ、同時にブランド・ビジネスの鍵となる信頼を築くことができた。ルイ・ヴィトン・ファミリーが大事に培ってきた「信頼」というブランドは日本でも浸透することに成功したのだ。

ルイ・ヴィトンだけでなくエルメスも価格と対峙した結果をそれぞれの言葉で発信している。法外な価格がまかり通っていた時代と対決してきたからこそ、価格の重要性を熟知しているようだ。このような価格への対応を知り、消費者は自分の目をもって、モノを見る能力を身につけたほうがよさそうだ。

## PRICE 2 ▽ 適正価格の法則

そもそも、ブランドやアパレル企業、アパレル小売業は、どのように価格戦略を立案するのだろうか。ブランドやアパレル企業、アパレル小売業が商品の値段を付けるにあたっては、「価値を高めて、価格を維持するのか」「価値を維持し、価格を低めるのか」という観点から、顧客に満足を与え、市場が成り立つような価格に設定する。

価格設定の方法においては、生産や販売の目安となる単位あたりの価格であり、値引きされる以前の本来の価格のことを基準価格と呼び、以下の方法で設定される。

①原価から算出する方法
②需給均衡から設定する方法
③競争構造を考慮して設定する方法

これらのいずれかの方法で設定される基準価格は、現実のビジネスの流れの中で、いくつかの調整が施される。

・割引——数量割引、期末割引等
・顧客の購買意欲を喚起させるための一時的調整——1980円などの端数価格、とり商品等
・差別価格——特定商品の差別価格、特定顧客の差別価格
・商品ミックス上の価格調整——セット販売価格等

基準価格設定の重要な条件となる、アパレル企業の原価の内訳は、製造コスト、企画コスト（デザイン・MDに要する費用）、流通コスト、販売コスト、管理コストからなる。製造コストは原料費、工賃、付属代からなる（財団法人 日本ファッション教育振興協会『ファッションビジネス概論』1995年 参照）。

このような価格設定の過程の中で、顧客が価値を認めるかどうかが、要素として重要なようだ。ルイ・ヴィトンは原価に一定率を掛けて価格を設定する（コストプラス法、マークアップ法という）。もちろん、一定率を掛けた数字のままではなく、さまざまなことも総合的に考慮したうえでの価格設定になるが、基本的には原価から算出する方法である。

顧客が価値として認める価格は、品質や機能性などのハード価値と、デザインやコーディネーション提案、流行性などのソフト価値、そして消費者自身の効用の複合によって成立する。デザイナーによるファッションブランドなどの高付加価値商品ほどソフト価値の比率が高く、反対に最寄品はハード価値の比率が高いといえよう。

一般的にデザイナーズブランドが高価格なのは、企画コストの比率が高いためであり、反対に一品番を大量に生産するコモディティは、相対的にデザイン料等の企画コストの比率が低くなるため、その部分で価格に反映されてくる。そういった意味で、ファッションブランドの価格は、芸術文化商品やコンピューターソフトの価格認識と共通する部分があり、片や流行性、シーズン性を強く有する部分で、生鮮品の価格認識と共通する部分もあるのだ。

このように、各ブランド、アパレル企業は価格設定を行う。

ルイ・ヴィトンにしても、各製品の価格が設定され、本国のフランス市場に流通していく。この製品が、日本の市場に入るために、現地価格と日本価格の間に調整が入り、ルイ・ヴィトンに関しては、現地価格の1・4倍の値付けとなっているわけだ。なぜ本国と同じ値段で購入することができないのだろうか。

それは、いわゆる内外価格差の問題である。内外価格差の大きな部分は、そのほかにも当然、空路、航路を利用した物流費などが原価係数として加算されるが、関税が占める。日本では、国内産業保護の目的で輸入品に高関税を掛けてきた。近年になって、諸外国からの圧力により規制緩和が行われてきたが、皮革製品に関してはまだまだである。たとえば、革靴の輸入にはTQ（TARIFF QUOTA）という靴枠というものがあり、枠内と枠外の輸入では、関税の掛かり方が異なる。

TQは輸入実績に基づき、各企業に割り当てられる。実績枠が90パーセント、新規枠が10パーセントなのでほとんど新規参入者の枠取りは不可能といえるだろう。枠に関する関税割当制度は、一定の数量以内の輸入品に限り、無税または低税率（一次税率）の関税を適用して、需要者に安価な輸入品の供給を確保する一方、この一定数量を超える輸入分については、比較的高税率（二次税率）の関税を適用することによって、国内生産者の保護を図る制度とされている。

経済産業省では、現在、皮革として牛馬革（染着色等したもの）、牛馬革（その他のもの）、羊革・やぎ革（染着色等したもの）および、革靴（革製および革を用いた履物。スポーツ用のものおよびスリッパを除く）の四つの品目の割当を行っている。

これらの結果、価格決定された輸入品が、初めて日本の市場に出回ることができるのである。

現地価格差3倍の値付けであった並行輸入業のつけ入る部分をなくし、正式な販路の設置により、現地価格差1・4倍に抑えたルイ・ヴィトンは、関税や流通経費を加味しての適正価格を提示したということになる。まさに顧客の信頼を得る、信頼価格政策であり、それはそれぞれのブランドや企業の基本方針や企業努力の賜物なのである。1・4倍が適正というのもうなずけるだろう。

## PRICE 3 ▽バーゲンセール禁止の法則

価格を下げる行為は、バーゲンセールと値引き、価格改定による値下げがある。この項ではバーゲンセールと値引きについて言及し、価格改定は他の項で述べよう。

セールといえば、まず思いつくのは、1月、7月を中心に開催されるシーズン末のバ

ーゲンである。バーゲンという言葉も最近では少なくなり、セールと告知されているケースが多いように思える。セール初日の雑踏はものすごいもので、福袋に並ぶ長蛇の列は、年始のニュースでは定番である。

セールが日本人は大好きである。

片や売る側もセールには力が入る。

たとえばある店のバイヤーが商品を買い付ける際、買い付け予算が決まっているとすると、シーズンの発注型数を算出する。

販売期間として春夏を26週、秋冬を26週に分け、セールを5週実施するならば、シーズンのプロパー（通常価格）商品の販売期間は21週と設定される。一つの商品の寿命が5週と経験値から算出される店ならば、商品回転率は4・2回転となる。店で展開できる商品型数が200型の店ならば、発注できる型数は840型という算出が成り立ち、これをベースに買い付けを行う。

当然すべてプロパーで売れるわけもなく、セールでできるだけ売りさばく。でないと、次シーズンの新規商品が入荷されるからであり、感覚的に消化するという認識である。

シーズンごとに新たな商品が製品化されるファッション市場は、その点で、生鮮品と同様な感覚を持つ。消化して売上を作ることで、来シーズンの買い付け資金を手に入れ

るわけである。

そのような市場を横目に、１５３年間で値引きのセールを一度も実施したことのない歴史を持つブランドがある。ルイ・ヴィトンである。それはどういう指針のもとにセールを行わないのか、答えは「品質に対するこだわり」である。長い歴史の中で、品質にひたすらこだわり、バーゲンセールを1回もやったことがない。

いつまで経っても自分の持っているルイ・ヴィトンの商品は値段が下がらないというのは、購入した顧客にとって安心感と信頼につながる。自分の持っているルイ・ヴィトンが、いつまで経っても過去のものとならず、新鮮であり続けるのが約束されているのである。

それは廃盤となる製品に関しても同様である。一般の経営者なら、プロモーションに使ったり、値引きしたりと、何とか在庫をはこうという発想を持ち込むだろう。

「値引きをしない」「バーゲンをしない」と言い放つことは簡単であるし、経営者なら誰しも思うに違いない。しかし、「そうはいっても客や取引先が……」「そうはいってもこの業界では……」「そうはいっても期末に在庫が……」という言い訳（常識）を並べて、実際には値引きに走っているのである。経営形態の大きな変更もありながら、１５３年間守り通し続けるのは簡単ではない。しかも、もし1回でもバーゲンをやってしま

ったら、長い歴史の中でバーゲンセールをやったことがないということを以後一切いえなくなる。

しかし、セールをしない商法は、廃盤以外は継続品という、モードとは異なるポジションにいたからできたのではないか。シーズン性を有しないからできたことではないか。1998年にプレタポルテ参入を遂げ、モード化を進めるとなると、その指針は困難なのではないかという疑問が浮かぶ。

だが、ルイ・ヴィトンの戦略の妙はここにある。プレタポルテはルイ・ヴィトンに与えるインパクトであって、それによりふたたびモノグラムが売れるという循環を辿っている。

プレタポルテの生産は限定的なのだ。シーズンごとの洋服も、シーズンが終わり、売れ残ったら、廃棄しているという。廃棄する金額が、ポリシーを破るに値する金額かどうかで、ポリシーを優先させてもあまりある効果がプレタポルテに潜んでいるのだ。LVMHグループという規模の経営力の強みが活かされた戦略といえる。

この世にはセールをするブランドとしないブランドの二つがある。どちらがどうというわけではない。セールを楽しみにしている日本人は多いのだから。一見外から見ても

セールをしていないように見えて、値札を見ると実はセール価格になっていたり、お得意様だけにDMでセールを知らせるというブランドもある。セールをしないというイメージを保ちたいのだろうが、ルイ・ヴィトンの強みは本当にセールをしなくても、経営基盤が成立することだ。

値引きにはバーゲンセールのほかに、もう一つある。百貨店等が中心のディスカウントである。

たとえば百貨店が発行するハウスカードを使用して買い物すれば、5パーセント引きとか、貯まったポイントに応じて割引きや商品券がもらえる特典制度や、毎月お金を積み立てた顧客向けに行うディスカウントである。

秦元社長は三越との交渉で、どんなお客様に対しても同じ値段で売る正札という制度を始めたのは三越であることをいい、ディスカウントから除外してもらったという。

つまりはルイ・ヴィトンの価格戦略の核は「すべてのお客様に、同じ価格で販売する」にあるのだ。

# PRICE 4 ▽ オマケ・セット販売禁止の法則

この法則は、製品にオマケをつけるか、別売品をセットで販売するかという意味では「PRODUCTの法則」にもなる。

まず、商品にオマケをつけるのは、『値引き』の変形の一種である。

オマケがつく場合とオマケがつかない場合で支払う金額が一緒ならば、オマケをつけるというのは、オマケの分『値引き』しているのと同じだからだ。

ここでいうオマケは、ノベルティとは違う。ルイ・ヴィトンで買い物をしたとき、商品本体と、布の保存袋と、白い包装紙と、檜皮色の化粧箱と、飾りの紐（青いリボン等）と、海老茶色の手提げ袋以上に何かのオマケがついてくるかということである。

ルイ・ヴィトンではオマケはついてこない。

店で手提げ鞄を見ると、肩掛けストラップがつけられるタイプの場合、肩掛けストラップは別売である。オマケとしてつけてくれるか、オマケが駄目ならせめてセット販売、つまり鞄と同時に肩掛けストラップも購入する場合は単品の合計金額よりも割安にしてくれないのかな？　と思ったことがあるかもしれない。しかし、ルイ・ヴィトンではセ

ット販売はしていない。セット販売も『値引き』につながるので認められていない。

ただし、別売で売られている肩掛けストラップは、別売品なりに汎用性が高く、大体の鞄に合うようにできているので、1本のストラップを色々な鞄と組み合わせてもよい。イニシャルを刻印してくれるサービスで、ストラップに刻印してもらい、それを使いまわしてみたらどうだろう。そのように考えると別売はむしろ合理的なのかもしれない。

「これとあれを一緒に買うから安くしてよ」というのは値切り方の基本中の基本である。別売品ではなく鞄を二つ同時に購入する場合は、一般にはボリュームディスカウントが効くことも多いが、ルイ・ヴィトンではボリュームディスカウントはしていないはずである（あいにく筆者はルイ・ヴィトンの鞄を同時に二つ購入する機会、いや財布がない）。まして、ルイ・ヴィトン側が「この鞄とこの鞄を同時に購入した場合に限り、本来はいくらのところをいくらに割り引きます」というようなバンドル販売をすることもない。

ついでに、別売とセット販売についていえば、手帳とリフィル（レフィルとも書く）の話である。手帳のバインダー部分は、1年使ったところでへこたれるわけでなく、買い替える必要はない。一方で、リフィルの部分は、去年のカレンダーをもう1年使うことはないので買い替える必要がある。こういうときのためであろう、リフィルだけの別

売で買うことができる。そして、バインダー部分だけを買うこともできる。

これの値段が面白い。バインダー部分とリフィルを別々に買っても、バインダーにリフィルが挟まっている状態のものを買っても、値段が同じになるようになっている。バインダーもリフィルも数種類あるが、どういう組み合わせでも、別売とセット販売のお値段は同じになる。

なお、リフィルに関して、数種類あるリフィルのうち、カレンダーに日本の祝祭日が載っているモデルはあるが、六曜（先勝・友引・先負・仏滅・大安・赤口）が載っているモデルがない。よって、冠婚葬祭や建築などの縁起に関わる仕事をしている人は、不便な思いをしている。

なぜ、リフィルに六曜が載っていないのかというと、リフィルですらヨーロッパのルイ・ヴィトンの工場で印刷したものを輸入して販売しているからである。

## PRICE 5 ▽ 不意打ち価格改定はしない法則

ただ、値引きではなく、価格改定はルイ・ヴィトンにもある。

たとえば２００３年の夏は前年同期比13～14パーセントというユーロ高が欧州からの

インポート商品の価格に影響を及ぼした。仕入原価に直接の影響力を持つ為替に対し、各ブランドは対応を迫られる。この夏に関しても、グッチ・グループ ジャパンは、「為替を反映した価格の改定は考えていない」、エルメス ジャポンは「為替変動より、基本的に本社の価格設定に合わせている」、シャネル日本法人は「買い付けのたびに価格設定しており、為替もそのつど考慮される」と対応はさまざまだった。

価格改定に関しては、アパレルの比重が高いブランドでは、シーズンごとにトレンドを反映してデザイン、素材が変わる新商品が多いため、その際に価格決定も行われる。そのため、価格の変動を単純に為替だけの要因と見ることはできない。

これに対して、定番の比率が高い靴、バッグなど雑貨比重の高いブランドで、内外価格差を設定している場合は、シーズン中でも価格改定を行うこともある。

最近のルイ・ヴィトンは「強気の価格戦略」で知られる。２００６年4月に4パーセント、11月に2・5パーセントなど、２００４年11月以降、5回も値上げを行ったためだ。２００１年当時と比べると、比較可能な同一商品で6割以上の値上げである。だが、LVJによれば、これは「ユーロ高による価格改定」である。頑固に守っている適正価格が、為替で変動したにすぎないというわけだ。過去25年間では、14回の値上げ、11回の値下げを行っており、その時点での価格改定は26回目であった。重要なのは、値上げ

だけでなく、値下げも行っており、日本での小売価格を本国フランスの1・4倍に設定するという一貫した姿勢が見て取れることである。

一貫した価格戦略のポリシーが、ルイ・ヴィトンのブランドロイヤリティーを強固なものとしているのである。

フランス企業であるルイ・ヴィトンの製品の日本での価格は、フランス本国での製造コストや円とユーロの為替相場に連動するので「値下げ」をする場合もある。フランスでの価格とフランス国外の国・地域での価格の比率については、それぞれの国と地域ごとにガイドラインが定められており、日本については、フランスを100とすると日本は140となっている。

ある時期、たまたま連発で値上げをすると「ルイ・ヴィトンが強気の値上げ」とする報道もあった。違うのだ。〈適正価格の法則〉（本章、p85）を守っているだけなのだ。

このとき、店頭で値上げの表示広告を提示すると同時に、ルイ・ヴィトンで一度でも物を買って、顧客名簿に名前が載っている人のところには、前もって値上げのお知らせの葉書がきた。値上げ前の滑り込みで買う人がいる分、値上げ後の買い控えが相殺される。買う時期が前倒しされるだけだ。

ユーロ高値上げは仕方ないとして、不意打ち値上げをしないのはテクニックだ。ちゃ

んと顧客に対し理解を求める。その価格改定が増益ではなく為替のバランスであることを、ルイ・ヴィトンはあくまで正価でお売りすることを認知してもらうのだ。ただし、この予告期間の間にも為替は変動するので、予告期間を経て価格を改正する時点ですでに価格が不適切になっていたこともあるのは痛し痒しであろう。

しかし、消費者は価格に対してはシビアである。値下げはともかく値上げに関しては特に。ルイ・ヴィトンは原則として適宜（年に1回であったが、為替変動が激しい近年ではもっと頻繁のようである）、円とユーロの為替変動に従って価格を見直す作業を行う。非常に誠実に為替変動に対応した価格設定を実施しているらしい。しかし、この対ユーロというのが実は曲者であったりする。日本人が為替を気にする場合、大抵は対ドルである。一般の人がニュースや新聞、そのほかにおいても自然と耳に入ってくるのはドルと円の為替相場であることが多いと思われる。対ドルと対ユーロでは、対ドルのほうが注目度が高いのである。つまりはユーロに対する意識の低さが、ルイ・ヴィトンの価格変更に対し不意をつかれた感覚を持たせる。

この連発の前もずっと値上がり続きであったし、ここ数年間でかなり高くなったといわれるが、過去には価格改定で値段が下がったこともある。いまのお値段が高いとお思いならば、円高かユーロ安かになるのを待ってみよう。ルイ・ヴィトンは逃げない。

## PRICE 6 ▽ルイ・ヴィトン貨幣論の法則

この法則は、「ルイ・ヴィトンのバッグは下取り価格が高くて、貨幣に順ずる」という法則なので「PRICEの法則」とするが、製品の価値に関わっているという意味では「PRODUCTの法則」にもなる。

ブランド物リサイクルショップ業界について、可能な限り取材や調査を行った。その結果、下取価格と売値については、ブランド側からの指導などはないようだ。

しかし「ルイ・ヴィトンはリサイクルでも値崩れしない」ということがいわれている。利幅が同じとき、安値で買い付けて安値で売るのと高値で買い付けて高値で売るのでは、『安値で売る』のが回転がよく、『高値で買い付ける』のはリスキーである。しかし、レア物を除いて、他のブランドの品よりもルイ・ヴィトンの品は安定して高値で下取りしてもらえる。

これについては、純粋に需要と供給の関係によって相場が決まっているようだ。経済は門外漢だが、アダム・スミスのいう「神の見えざる手」というものか。

下取価格が値崩れしない理由は、よい値段をつけないと、ほかの店やネットオークシ

ヨンに逃げられてしまうためである。店にとっては苦しいことには違いないが、高値でも下取りしておかないといけない。ルイ・ヴィトンを置いていないブランド物リサイクルショップはきわめて稀であるので、店構えとしても、ブランド品カタログ雑誌に広告を載せるにしても、ルイ・ヴィトンを棚に並べなくてはならない。高値で仕入れたものが高値で売れるかという心配は無用である。高値でも見合う程度を保持した品ならば、ルイ・ヴィトン、とりわけ定番のモノグラム・バッグならちゃんと売れる。ブランドロイヤリティーの波及効果はここに出ている。

このため、ルイ・ヴィトンは貨幣替わりになることになる。急に現金が必要になったとき、ルイ・ヴィトンのバッグを正規店でカードで購入すればカード決済は１～２カ月後である。これをその足でブランド物リサイクルショップに持ち込めば確実に高値で買い取ってくれるので、さほど目減りせずに現金化できる。新幹線の回数券などで金券ショップに持ち込むのと同じパターンである。この意味でルイ・ヴィトンのバッグは金券なのだ。ルイ・ヴィトン１５３年の歴史は模倣品との戦いの歴史でもあるが、それは偽金、偽札との戦いと喩えてよい。なぜならば、ＬとＶの組み合わせ文字に花と星を組み合わせた「モノグラム」のデザインも、模倣品の防止を目的として考案された。つまり偽札防止の複雑な図柄が紙幣に採用されるのと同じように、偽造防止のための複雑な模

様だったのだ。

実際、正規店で品定めしたあと、いったん店を出てブランド物リサイクルショップで下取価格を確認してから店に戻って購入する客さえいるそうである。すぐ現金化する人以外にも、現時点では気に入って購入したいが将来飽きてしまって売ることになっても高く売れる商品なら安心だ、ということらしい。

さらに、高値下取りを超えて、限定品、レア物や人気で品薄の色の商品だと、プレミアムがつくことさえある。それを当て込んで、最初から利ざやを稼ぐつもりで購入するとなると、投資か投機の対象にさえなる。こうなると、貨幣よりは株か先物取引のような金融商品に喩えたほうがよいかもしれない。

いうまでもないが、下取価格が高値で安定といっても、当然ながらピンキリはある。ヌメ革が黒ずんでいたり日焼けや蛍光灯焼けしていると、安値で買い付けて安値で売ることになる。結構、落差が大きいので注意とそれなりの知識が要求されるようである。

ちなみに、現在の相場や目安を調べることができるサイトもある。

リサイクル市場、つまり二次流通の市場規模がどのくらいの大きさかというと、まず品物の数だが、ルイ・ヴィトンのこれまでの売上の累積額と、海外旅行土産などで持ち込まれる商品を足すと、定価で１兆円ぐらいのルイ・ヴィトンが日本中にあると思われ

る。この推計にしても、ルイ・ヴィトンは長持ちするし高値で下取りされるので、古くなったからといってまさかゴミ箱に捨てられることはない、というのが前提になっている。廃棄物にならないという意味では環境にも優しい。

顧客の数もすごい。いずれも俗説であることを断っておくが、『日本人の3分の1あるいは4割はルイ・ヴィトンを持っている』といわれる。これは『日本でピアノがある世帯は全体の22パーセント』という比率を上回り、『トヨタの車を持っている日本人の数』に匹敵する（それ以上かもしれない）。

ブランド物リサイクルショップの店や企業の数も、もはや少なくない。「コメ兵」のように株式公開する企業まで現れている。

なお、ルイ・ヴィトンの徹底的な価格戦略は、質屋の市場にまで影響している。

絶対的な品質によるブランドロイヤリティーと恒常的な価値を保証する価格戦略の結果、二次流通である質屋においても高価格を維持せざるを得ない状況を生み出した。

質屋市場でも同様に人気の高いルイ・ヴィトンは、未使用品の場合、定価の九掛け以上という商品が多いという。その中でも、やはり定番中の定番であるモノグラムは人気が高い。売値が九掛けの商品は、仕入れ値は8割5分であり、マージンは5パーセントしか取れないほどだ。

マージンが取れなくても、質屋にルイ・ヴィトンを求めてくる客は多く、場所と商材を確保して展開せざるを得ない。質屋にとってルイ・ヴィトンは客引きの看板の役割も果たすのだ。

質屋にとっては鮮度で勝負し、早く商品を回転させて、数をこなさない限り、ルイ・ヴィトンでの儲けは困難であり、ルイ・ヴィトンは非常に質屋泣かせでありながら大切なブランドなのである。

## PRICE 7 ▽ 端数価格は採らない法則

価格戦略に端数価格というのがある。

端数価格とは、ちょうど1万円というように、区切れのよい価格をつけるのでなく、9980円などのように9や8などの端数を使って設定される価格である。世の中に出回っている商品で、この手の手法を使用しているものは大変に多い。特にスーパーマーケットやホームセンターの売場に行けば、端数価格はほとんどの商品に適用されているといっても過言ではないのではないか。少しでも安く見せようと端数価格で競合しているコモディティの業界で多く見られる手法である。

１万円と９９８０円ではわずか20円しか差がないが、端数価格を設定することによって、消費者は20円以上の差があるという心理的な印象を受けるのである。ケタが一つ増えるか、増えないかで、これほどまでに印象が違うわけであり、価格設定するほうも、このケタの増減に細心の注意を図るわけだ。

２００４年４月からは消費税込みの総額表示が義務づけられ、これらの端数価格商品はケタ数を一つ上げざるを得なくなった。とたんに消費者は割高感を感じ、財布の紐が固くなった。そこには実質は変わらないという現実があるものの、端数価格の影響を享受してきた消費者にとっては印象度が違うわけである。

ルイ・ヴィトンは端数価格を採らない。その他多くのラグジュアリーブランドも同様である。ラグジュアリーを提供しているブランドが、端数の印象にこだわっては、ブランド品を買うぞと息巻いている消費者の気持ちも萎えるだろう。

ルイ・ヴィトンの価格設定は１０００円単位になっている。つまり為替変動による価格変更も１０００円単位となる。メンズのネクタイや財布などの小物も同様だ。端数がついているのは純粋に消費税である。価格改定で値上げが実施される前に駆け込みの消費者で店舗が賑わうのは、当然のことなのだ。

# PRICE 8 ▽ 威光価格の法則

価格戦略には威光価格というのがある。名声価格ともプレステージ価格ともいう。

威光価格とは、対象となる製品が高級品や贅沢品、ブランド品などのように、買い手が価格によって品質を判断するものが対象となる。品質が高いことをアピールするために、意識的に高い価格をつける方法のことである。特に高級ブランド品などは、それを購入し保有することによって、みずからの地位を誇示することにつながるという意識が顧客側にあるため、それ相応の価格を設定するわけである。つまりは、買い手に品質のよさを印象づけるために、意識的に高くつけられた価格といえよう。高級品や贅沢品などのように購入頻度が低く、消費者が品質を判断しにくい製品の場合には、判断の一つに価格があるわけだ。

ルイ・ヴィトンはもともと受注販売のビジネスである。受注のあった一つひとつのトランクのかかった費用（原材料費、人件費など）を積み重ね、それに一定の率を掛けたものを価格としてきた。いまでも基本的な考え方は一緒であり、原価に基本的にはすべての商品に同一の一定の率（粗利益率）を掛けたのちに調整を加えて価格を決める方法

をとっているという（本章〈適正価格の法則〉（p85）参照）。

　粗利益率をどの程度とっているのかは知る由もない。反発する業界で率先して適正価格を目指し、内外価格差の縮小を実践したルイ・ヴィトン。法外な価格を否定してきたルイ・ヴィトン。とはいえ、ラグジュアリーブランドのトップに君臨するルイ・ヴィトンの価格は、ルイ・ヴィトンにとっては適正価格であっても、消費者にとっては威光価格であるといえるのではないか。

# 第3章

# PLACE（流通）に関する法則群

ルイ・ヴィトンの戦略を、マーケティングの４Ｐ（製品・価格・流通・販促）ごとに体系的に分析し法則にまとめているが、３番目にPLACE（流通チャネル）について見てみる。通常のマーケティングでは「広い流通チャネル」が求められる。店舗数を増やしたり百貨店以外に通販や量販店で売ったりすることになる。しかし、ルイ・ヴィトンの鞄は限定された流通チャネルだけで提供されており、オーバーにいえば、「流通を支配する」「支配できないチャネルは用いない」という売り方のイノベーションとなろう。PLACE（流通チャネル）に関する法則群の多くは、PRICE（価格）と同様、秦郷次郎が日本代表となってから改革したものが成功し、グローバルになったものである。

# PLACE 1 ▽ 適正販路の法則

ルイ・ヴィトンのPLACE戦略を語るうえで、正しい販路を求めるゆえに、対処しなければならなかった問題が、不適正価格の氾濫である。このテーマについてはPRICEで詳細を述べたが、PLACE戦略を知るうえでも欠かせない事柄であり、また正しい販路を探求する契機となった事柄であるといえる。

ルイ・ヴィトンが初めて日本に進出した1970年代当時は、第2章〈法外価格禁止の法則〉（p83）で述べたように、並行輸入業者が跋扈していた。

並行輸入業者は一般旅行者を装って、ルイ・ヴィトンの本場であるパリでルイ・ヴィトン製品を一度に大量に買い取る。その製品を日本に持ち帰り、法外な価格で売ったのである。この日本人の買い付け騒ぎの結果、ルイ・ヴィトン社は日本人客に対する販売の制限をするようになった。

日本人のこのような異常ともいえるルイ・ヴィトン・ブームが起こることにより、パリではコンサルティング会社のピート・マーウィック・ミッチェル社に日本市場で何が起こっているのか調査を依頼した。そのピート・マーウィック・ミッチェル社の東京事

務社で経営情報システムの担当をしており、小売業のバーコード化を見学する調査団の一員として欧州に派遣された人物が、たまたまフランス支社の同僚に依頼され、日本市場を調査することになる。この人物がＬＶＪグループの元社長兼ＣＥＯであった秦郷次郎である。

その後、秦は市場調査を指揮することになり、日本市場の状況を分析したうえでルイ・ヴィトン社に日本進出を勧める。当初の日本支店長候補が日本語を話せないなどもあって、秦自身がこれを担うことになる。１９７８年３月にルイ・ヴィトン日本支店（のちのルイ・ヴィトン ジャパン、現ＬＶＪグループ）が設立されるが、当時の高級ブランド市場には上記の並行輸入業者や贋物業者が横行しており、法外な価格で、さらに販売価格も店によってばらばらという状況であった。これでは、ルイ・ヴィトン・ファミリーが大事に培ってきた「信頼」というブランドは日本では伝わらない。この不適正価格で販売されているルイ・ヴィトン製品の販路を正し、ルイ・ヴィトン製品を適正販路により適正価格で日本市場に売り出すことが、秦の大きな目標、そして挑戦となるのである。

## PLACE 2 ▽ 商慣習改革の法則

　1978年3月にルイ・ヴィトン日本支店が設立された当時、高級ブランド市場には並行輸入業者、贋物業者が横行しており、さらに正規の流通経路で供給が賄い切れてない状況が高級ブランドの希少性をあおるようなかたちで価格を上げ続けていた。前述したように並行輸入品の相場は、品不足に乗じてヨーロッパの現地価格の3倍もの値がついていたという。当時正規の流通経路であった商社や問屋、百貨店経路でのヨーロッパからの輸入品は現地価格の2〜2・5倍が相場であった。この事実に直面した、当時プロのコンサルタントではあったが、ブランドに関しては素人であった秦が、日本の伝統的な商慣習の改革に踏み切ったのだ。

　日本の流通制度は在庫リスクの分散を目的としている。いわば保険の掛け合いであり、その分中間コストが高くなってしまう。もちろん関税（特に革製品）や物流費等運賃も高コストの要因ではある。秦が考えたのは、関税、運賃の上乗せはしようがないことだが、中間コストをなくしたかたちでの適正価格で販売できる販路体制であった。

　当時のブランド・ビジネスといえば、総代理店による独立輸入方式か、前述したライ

センス生産方式がほとんどであり、外国ブランドが直接日本で販売する直営店方式はとうてい不可能な状態であった。小売業界からは相当数の反発があったという。そんな中でも、それまでの卸店、小売店の関係を一から作り直そうと小売商業体制に挑戦し続け、秦は以下の体制に辿り着く。

各百貨店はルイ・ヴィトン製品をそれぞれの責任において各社のパリ支店を通じて、中間業者を一切通さずに仕入れることを取り決めた。これにより、ルイ・ヴィトン・フランス本社は国際取引により発生する一切の付加的経費を負う必要がなくなったのだ。ルイ・ヴィトン ジャパンは輸入代理業者としての役割を持つ必要がなくなったが、ブランドを管理するという重要な立場に変わる。実際は、各百貨店は販売スタッフの研修から価格設定、包装、値札デザイン、店内装飾、広告に至る業務はルイ・ヴィトンのガイドラインに従い、販売スタッフの制服はルイ・ヴィトンの制服を着用するという契約であった。

当時の業界に直営店方式を投入した結果、国内のルイ・ヴィトン製品の価格も一定に保つことに成功し、ブランド＝信頼という認識を顧客に与え始めた効果は現在にも通じることだろう。多くのブランドがルイ・ヴィトンに続くかたちで同様の販売戦略を導入するに至った。現在では百貨店とジャパン社を中心としたブランド取引形態は変貌しさ

まざまであるが、このルイ・ヴィトンの直営店方式が源流になっていることは間違いない。

伝統的な慣習や既成のルートに縛られずに、新たな戦略を持ってチャレンジを続けるという現在の流通業界の永遠のテーマを率先して実行してきたという経歴がルイ・ヴィトンというブランドをさらに強化しているように思える。デフレ不況、顧客のニーズ変化の多様化、早い変化という環境与件の中、常に時代にマッチした業態への永久なる転換を宿命づけられた流通業界のすべての人が日々考えているテーマをルイ・ヴィトンから学ぶこともできるだろう。

## PLACE 3 ▽ 一等地立地の法則

２００２年９月１日に世界最大級の旗艦店を含む初の総合ビル「ルイ・ヴィトン表参道ビル」がオープンした。地下１階から４階までの販売フロアのみならず、多目的スペース「ＬＶホール」や顧客向けの国内初の「ＬＶサロン」を備えたルイ・ヴィトン初の「総合ビル」であり、地上８階、地下２階の10フロアで総床面積３３２７平方メートルの規模は世界最大級であった。２００４年の２月10日、ブランド創立１５０周年記念日

## ルイ・ヴィトン表参道ビル

2002年9月に世界最大級の旗艦店（ルイ・ヴィトン表参道店）を含む初の総合ビルとしてオープンした。日本のファッションの中心地ともいえる表参道のこのビルから、日本中へルイ・ヴィトンの情報は発信されることが多い。名古屋栄店、松屋銀座店をデザインした青木淳が三たび、デザイン・コンペで選ばれ設計した。「ルイ・ヴィトンの伝統的なトランクをランダムに積み重ねる」がそのデザインコンセプトである。

にニューヨーク5番街にオープンした店舗が、表参道店を凌ぐ最大店舗として開店した。さらに、２００５年12月にはパリのシャンゼリゼ大通りに本店がオープンしたが、表参道店は当然日本国内最大級であり、そして世界最大級としての存在感をも持ち続けている。

国内44店舗目、大型の「グローバルストア（鞄だけでなくプレタポルテ、靴、時計などルイ・ヴィトン製品をすべて扱う店舗面積の広い店舗）」としては7店舗目となるこのショップは、名古屋栄店や松屋銀座店の外装も手掛けた若手建築家の青木淳の設計で、伝統的なトランクをランダムに積み重ねたイメージでデザインされ、公開前から多くのメディアが取り上げ、日本中の話題となるものであった。

遅れること2年、創業１５０周年という記念すべき２００４年9月３日に銀座並木通り店がリニューアルオープンを遂げた。１９８１年に約70坪、一層の初の路面店として銀座に登場してから23年を経過し、銀座並木通り店は地下１階から地上５階まで総面積１５９７平方メートルの店舗として生まれ変わったのだ。

近年は都心回帰の波に乗り都心開発が活発であり、丸の内や六本木、汐留などの街活性化はすさまじい。と同時にファッションストリートの様相を呈した銀座や表参道、青山の存在感は健在である。ルイ・ヴィトンは銀座、表参道に路面店を両立させたわけだが、ファッションストリートと呼ばれる一帯は、ブランドにとっては何とか出店を実現

させたい一等地であり、価値が上昇し続けている。

表参道は東京メトロの駅名ではあるが、表参道という住所はなく、港区南青山3〜6丁目、港区北青山2〜3丁目、渋谷区神宮前3〜5丁目付近を指す。2006年3月の公示地価では銀座も上昇したが、表参道は前年比30パーセント近い上昇率となった。そして、その理由が「海外有名ブランドの出店ラッシュ」とされていた。

銀座並木通りでいえば、インポートセレクトショップであるサンモトヤマ銀座本店出店（1964年）とルイ・ヴィトンの並木通り店出店（1981年）が、いまの銀座のブランドストリートの起源といっても過言でないだろう。その後ぞくぞくと高級ブランドが集まってくる。シャネル、グッチ、カルティエ、クリスチャン ディオール、ロエベ、コーチなど並木通りの醸し出すブランドにふさわしい街並みにブランドが吸い寄せられてきたのだ。その後、並木通りに収まらないブランドが中央通り、晴海通りと銀座界隈にブランドストリートエリアを拡大し、いまに至るわけである。いまになると、ブランドが街のイメージを作ったのか、イメージがいいからブランドが集中するのか、鶏と卵のような関係に至っているが、銀座という東京の文化の中心地をブランド集約街に変えたのは、ルイ・ヴィトンやサンモトヤマといってもいいだろう。

表参道も然りである。表参道に出店しているLVMHグループはルイ・ヴィトンをは

**ONE 表参道ビルに並んでいる**
**フェンディ、セリーヌ、ダナ・キャラン、ロエベの店舗**

フェンディはイタリアのブランドでデザイナーはドイツ人のカール・ラガーフェルド。セリーヌはフランスのブランドでデザイナーはクロアチア人女性のイヴァナ・オマジック。ダナ・キャランはアメリカのブランドでデザイナーはアメリカ人女性のダナ・キャラン。ロエベはスペインのブランドでデザイナーはベルギー生まれでスペイン系のホセ・エンリケ・オナ・セルファ。ブランドの国籍もデザイナーの国籍もさまざまな組み合わせの4ブランドが並んでいることは興味深い。しかも、4ブランドともLVMHグループ傘下である。なお、LVJグループの本社もこのビルの上階にある。ONE表参道ビルの設計は隈研吾である。

じめとし、フェンディ、セリーヌ、ダナ・キャラン、ロエベ（以上の4ブランドはONE表参道ビルに並んでいる）、クリスチャン ディオール、ショーメ、タグ・ホイヤーなど、まるでLVMH帝国に占拠されたかのようなブランド出店ラッシュを繰り広げている。むろん、LVMH帝国以外にも、グッチ、プラダ、シャネル、イヴ・サンローラン、エンポリオ・アルマーニ、バーバリー、クロエ、ラルフ・ローレンなども続々出店している。

このように銀座にしても、表参道、青山にしても、ブランドにマッチした街並みに惹かれブランドが出店し、さらに街のイメージがよくなり、さらに出店が加速しブランドが集約する、という好循環を生み出している。むろん、街のイメージという価値基準もそれぞれであり、いままでの見方はブランド側の視点かもしれない。昔から街を守ってきた老舗店や、その街の歴史を愛している老舗店の中には、高級ブランドの人気が下降すれば外資のブランドは街から出て行き空洞化してしまうのではと心配する声もある。とはいえ現状の日本市場は世界有数のトップ市場であり、その中でも銀座、表参道、青山は是が非でも出店したいロケーションなのである。ラグジュアリーブランドが世界的に成功するには、売上比率の大きい日本で成功することが必須であり、銀座、表参道、青山はその主戦場である。そして日本一地価の高い銀座、それを追うように高騰する表

参道、青山において、バブル崩壊後の銀行や証券会社など、業績低迷による閉店や移転統合を余儀なくされた企業の跡地獲得が、さらにブランドストリート化を加速させたのだ。

東京だけではない。ルイ・ヴィトンの日本における輸入・販売法人、ＬＶＪグループは２００７年2月25日、名古屋市・名古屋駅前に誕生した超高層ビル「ミッドランドスクエア」１階に、８９７平方メートルという東海地区最大の店舗をオープン。初日だけで２５００人来店というにぎわいを見せた。

この店はルイ・ヴィトンにとって日本で54店目。バッグなど主力の革製品のほか、衣料品や靴も扱う「大型店」としては11店目になる。名古屋市内には、すでに栄地区に「大型店」があるが、それを上回る規模で、東海地区全域からの集客を図るという。

ＬＶＪは、大阪でも目立つ動きを見せている。２００６年6月、大阪市中心部にあったみずほ銀行心斎橋支店の閉鎖跡地（約７５０平方メートル）を約１００億円で取得したという話である。ここは御堂筋に面した一等地だが、坪単価およそ４５００万円は路線価の3倍以上（『週刊ダイヤモンド』２００６年12月23日号による、ダイヤモンド社）、バブル後の同地域では最高とあって、周辺の地価急上昇を引き起こし、「ヴィトンに踊る御堂筋」とはやす声も聞かれた。

心斎橋にはすでに1998年開店のグローバルストア国内1号店がある。LVJは取得土地の用途についてコメントしていないが、業界では、LVJが新しいビルを建設し、既存の心斎橋店から移転させるルイ・ヴィトンを中核に、セリーヌ、ロエベ、フェンディなどグループ傘下の別ブランドも入居する複合ブランドビルとするのではないか、といわれている。セリーヌ、ロエベ、フェンディ等の複合ブランドビルはONE表参道や神戸で実績があるからだ（長沢伸也「ルイ・ヴィトンが日本で新・拡大戦略を開始した」『週刊エコノミスト』2007年3月13日号、毎日新聞社）。

日本の一等地はアジアでも一等地である。アジアの国々から、ブランドストリートや世界屈指の旗艦店が目的で日本を訪れる観光客も増えている。

ブランド消費大国日本の一等地に出店するには利益よりもイメージアップに徹し、さらに巨大な資本力を有するということだ。このような点にも、ブランド・コングロマリットにより資本力を巨大にしたLVMH帝国の強みは表われる。莫大な資本を有するブランドだけが一等地立地の資格を有し、さらに一等地の旨みを享受できるのだ。

たとえばエルメスやコーチは、銀座に旗艦店を出店してから売上増が目覚しい。儲かったから一等地に出店する、儲かったら一等地に出店しよう、ではない。儲けるために一等地に出店するのだ。この「気づき」はコペルニクス的発想の転換である。さらに、

気づいたとしても、誰でもすぐに実行できるわけではない。

## PLACE 4 ▽ 巨艦店によるブランド強化の法則

まず、根底にあるルイ・ヴィトンの戦略とは何か。これは2004年に創業150周年を迎えたルイ・ヴィトンが進行させている「世界各国の首都での再構築による成長戦略」（マルチェロ・ボットーリCEO（当時））であろう。

ブランドの再構築、再活性化もしくは再生という言葉がよく聞かれる。当たり前だが人間は歳をとる。ブランド、デザイナーも顧客をつかみ、成功を収めながら顧客とともに歳をとる。そこでブランドは選択を迫られる。いままでともに歳をとり、支えてくれた愛顧顧客とどこまでも歳をとり続けるのか、はたまた新たな戦略とともに若返りを図り、新しい顧客をつかむのか。

ブランドがターゲット年齢を絞った戦略に特化するか、商品の嗜好性に絞った戦略に特化するのかはそれぞれであるが、特にプレタポルテの既製服におけるファッションでは、コア顧客となる年齢のゾーニングが固まる傾向が強い。個人個人の志向を見ていけば、多様な時代性の中、自己のファッションマインドは年齢に左右されることはなく、

ファッション・ビジネスを年齢で区切るべきではないという意見もある。とはいえ、特に国産アパレルが創造するブランドでは明確なオピニオンリーダー（opinion leader：世論や集団の意志形成に大きな影響力を持っている人）を設定し、そのオピニオンリーダーが志向するようなものづくりをするような年齢ターゲット指定型のブランドが多いだろう。結果、対象年齢とは異なったファッションマインドを持っている人が購入するのは大いに結構なことであり、ブランドのウィル（意志）を理解してくれた顧客を大事にしようという戦略が主流である。たとえば、１０９系ブランドは明確にコギャルをターゲットにしたものであり、セシルマクビーはキャバレーで働く女性をオピニオンリーダーと設定し、キャバレーで女性が着たいと思う洋服を作るようマーケティングをしたという。キャバレーで働く女性は、自分を一番格好よく見せる服装の研究に真剣であり、彼女たちのニーズを汲み取ったものづくりは、同世代の女性の心をうまくつかんだ。

ラグジュアリーブランドで若い層をターゲットとして再活性化を図り成功を収めているブランドといえばクリスチャン ディオールである。デザイナーがジャンフランコ・フェレからジョン・ガリアーノに交代して以来、ジャドールTシャツ、トロッタバッグ、ロゴキャンバスシリーズからハンドバンド、携帯ストラップまで1万円～3万円程のロープライスな商品と宣伝媒体戦略により、これらの商品の売り出しの日は若い層の来店

が殺到する。まさに売り場は戦場と化し、限定品を是が非でも手に入れるために彼氏を走らせたり、ダミーの家族を連れて来たり。「ニュールック」とは無縁の新たな若年層の誕生である。

古くからのディオールファンの顧客にとっては疎ましい状況であり、いまは買える商品がない、いままでの洋服とコーディネイトできないなどの声もあるが、ディオールは明確な若返り戦略とともに売上を拡大している。

セリーヌ（デザイナーはマイケル・コースからロベルト・メニケッティ、さらにイヴァナ・オマジックと交代している）、バレンシアガ（ニコラ・ゲスキエール）、最近ではエルメス（マルタン・マルジェラからジャンポール・ゴルチェと交代している）といった一世を風靡したブランドが、今日の時代を牽引するための発信力の活性化ともいえるブランド再構築を進めているのだ。

一方、顧客層の年齢アップとともに勢いを失い、世代交代が遅々として進まないブランドもある。百貨店などでも「エレガンス・プレタポルテ」と括られる老舗ブランドにこの傾向は強い。

売上規模一人勝ちともいえる状態であるルイ・ヴィトンにおいても、さらに成長するための「世界各国の首都での再構築による成長戦略」が目下の課題と捉えているのだろ

う。ルイ・ヴィトンの日本における売上高は非公表であるが、2006年度は、前年比0・4パーセント増の1596億円と過去最高を記録したと推定されている（矢野経済研究所『インポートマーケット&ブランド年鑑 2007年版』のデータに基づく）。

しかし、シビアな視点で見たときに、1999年から5年連続で2ケタ成長を更新した勢いは緩くなり、売上高伸び率が2002年になって前年を下回っているという事実が見えてくる（矢野経済研究所『インポートマーケット&ブランド年鑑 各年版』のデータに基づく）。この冷え込む消費環境を考慮すれば、2ケタ増というのは驚異的な伸び率であり、他ブランドの追随を許さない状況下ではあるが、コーチの2006年度で前年比14・4パーセント増と比べると、成長スピードの減速感は否めない。2004年に創業150年という記念すべき年を迎えたルイ・ヴィトンの、今後を見据えた再構築成長戦略に賭ける意気込みは、半端なものでないだろう。

ルイ・ヴィトンが唱える「セレクティブ・マーケティング」とは、生産量が限られた高級品を売るのに特化したマーケティング手法である。第一にはブランドの付加価値を上げること、第二に高級品を求める人のところへ届ける「セレクティブ・ディストリビューション」が主な施策となる。

「セレクティブ・ディストリビューション」とは物流から販売する店舗までをみずか

らのブランドに適するのかを吟味する作業のことである。大規模な旗艦店の出店とは、よりプレステージで明確なイメージの発信基地を有することになり、高付加価値感の徹底をすることが、トップブランドであるルイ・ヴィトンのさらなる強化策なのだ。過剰露出によるイメージダウンを避けつつ、より少ない店舗数でより多くの顧客をカバーしようとすると、1店舗ごとは巨艦店にならざるを得ない。これがラグジュアリーブランドの定石で、ルイ・ヴィトンの巨艦グローバルストア戦略はその好例である。これを背景に巨艦店では数々の布石や仕掛けが用意されている。

## PLACE 5 ▽ 巨艦店の仕掛けの法則

表参道店など巨艦店の役割の重きを占めるのは、ブランドの付加価値を上げるためのイメージの発信基地要素である。当然、売上増加という目論見も有する。スーパーマーケットやGMSが標準化された店舗を増やすのは売上増が第一である。店舗の大型化にしても売上志向の拡大である。しかしブランド店舗の巨大化は売上よりもイメージ施策の意味合いが濃い。ブランド・アイデンティティの伝達が顧客を呼ぶかどうかの最大ポイントだからだ。

世界最大級という規模のショップはハードの部分で、ルイ・ヴィトンの存在感をあらわにするものだが、ソフトの部分での情報発信力もこのショップは有している。2002年9月のオープン以来、ルイ・ヴィトンの情報発信は日本のファッションの中心地ともいえる表参道の、この「ルイ・ヴィトン表参道ビル」からなされている。

まずは表参道店のオープン前日、記念パーティーが華やかに行われた（第4章〈ド派手パーティーの法則〉（p181）参照）。

オープン当日にも話題は用意されていた。パリに先じて発売されるという、限定50個、単価39万円というヴィトン初の本格的腕時計を始め、19万円のクオーツから100万円の自動巻きクロノグラフ、限定品バッグを求め、1400人ほどの人がおよそ1キロメートルにわたる行列を作り上げた。

オープン2カ月後、ルイ・ヴィトン表参道店5階の記者会場に多くの記者団を集めたのは、ルイ・ヴィトンのデザイナー、マーク・ジェイコブスと日本のジャパニメーションの第一人者である村上隆である。マーク・ジェイコブスと村上隆のコラボレーションで、カラフルで革新的なモノグラムである『アイラブ』の発表記者会見であった。

スティーブン・スプラウス、ジュリー・ヴァーホーヴェンに続く3年連続のコラボ・ワークの相手が、日本人である村上隆というのだから、日本市場、ファッション関係者、

マスコミも注目せざるを得ない。否応なしに注目の視線は表参道店に集まるものとなった。

その後も、マーク・ジェイコブスの村上隆のアトリエ見学プレスツアー、そしてルイ・ヴィトン表参道ビル７階のＬＶホールで行われたマーク・ジェイコブス・ウェルカム・パーティー、さらにはこのパーティーがお開きとなる瞬間にベルナール・アルノーの登場と、話題に事欠かないルイ・ヴィトン旋風が吹き荒れ、数々のファッション誌を飾ることとなる。

満を持しての２００３春夏シーズン、マーク・ジェイコブス＆村上隆コラボ・ワークの発売は盛況であったが、ルイ・ヴィトンの話題作り戦略はまだ終わらない。３月１日から、共同作製記念としての村上隆のアニメーション映画「スーパーフラット・モノグラム」を表参道店を中心とする国内外の大型店にて放映を開始した。ＬＶパンダと日本人の女の子アヤちゃんが登場する５分間の映像で、マルチカラーのモノグラムに満ちたポップな世界を描き、コラボ・ワークの世界観の伝道アニメとなっている。アヤちゃんがＬＶパンダと出会うきっかけとなる場所は、ルイ・ヴィトン表参道店の入り口の前である。表参道店では４月７日まで、ＬＶパンダを始めとするキャラクターのバルーンやフィギア、友禅染めの掛け軸、屏風などの展示を行い、来店促進を図った。

これらの情報発信、いわゆる仕掛けの重要性は小売全体にいえることである。顧客を飽きさせない来店施策として、競合他社がひしめく小売業界での不可欠策であろう。その情報発信、仕掛けが顧客の「買い物」という行為の元来持つ〝楽しみ〟を増すわけであり、その企業努力は顧客にとってもハッピーな代物であることは間違いない。

日本法人の世界におけるシェアが約4割という現実を踏まえ、日本のファッション街、表参道に世界最大級旗艦店を出店、日本人とのコラボでコンテンポラリーな話題を発信し続け、創業153年を迎えたルイ・ヴィトン。このイメージ戦略の徹底を使命とし、情報発信し続けるルイ・ヴィトン表参道店の意義と効果は、そのままルイ・ヴィトン・ブランドに還元されるものなのだ。

## PLACE 6 ▽リペア（修理）万全の法則

この〈リペア万全の法則〉は受付体制という意味で「PLACEの法則」になるが、製品に反映されるので「PRODUCTの法則」ともいえる。

顧客の信頼を勝ち取り、ルイ・ヴィトンのブランド力に安定感を与えるサービスとして名高いのは、リペア（修理）サービスである。

しかし、意外とこの体制作りが困難であったりする。特にシーズン性、トレンド性の高いブランドの製品においては、困難な状況が生じる。毎シーズンごとに新しい製品を生産していると、過去の製品の部品、いまは必要のない部品の在庫が薄くなる。また、国をまたいで工場を変更することは珍しいことではない。それは過去の情報も希薄にする。そういう状況下、５年、10年前の製品の修理依頼が来たときに、修理部品がない、制作に関する情報やノウハウがない、ということが起こり得る。

ブランド品の「修理」というものがいかに大変か。当然対象となるモノにもよるが、意外と労力を使う行為なのである。

インポート品の修理に関して、日本とブランド本社、工場のある国との３国間での情報交換を必要とする場合、一般の人が思う以上に対応に時間を要する。日本国内の手配であればさほど時間もかからないが、インポートの場合、時差やブランド本社の休日、さらにヨーロッパの工場の長期サマーバケーションなど、一月単位で連絡が取れないという事態も、ブランドや工場が小さければ、平気で起こり得る事態である。小さい田舎町の工場であれば、「工場長が病気なので治るまで待ってくれ」というびっくりするような事態も起こり得る。さらに、最高の技術者は得てしてマイペースで頑固、融通が利かない職人気質であることが多かったりするから対応に困る。

さらに修理品が届いてから、そのモノを確認するまでけっして安心はできない。得て
して修理人の都合で処理されていることが多く、こちらの要望どおりに上がってくると
は限らないのだ。まして、そんなこんなで2カ月、3カ月と待たされ、そのあげくに修
理で元には戻らなかった日本人の顧客は、ブランドに対する不信感を抱くことになる。
そのような事情は日本人の顧客には無関係のことだから。

このように修理体制を万全に敷くということは、組織を挙げてシステマチックに対応する必要があり、想像以上に困難をともなう。しかし、ルイ・ヴィトンはそれを成し遂げている。

ルイ・ヴィトンは職人によるこだわりの製品作りのブランドである。工場から販売まで自社で一貫して管理する体制は、職人を養成する学校までフランス、アニエールに有しているほどのこだわりである。当然、アフターサービス体制も徹底しており、他社では見られない以下のような「リペア・ポリシー」を有するほどだ。

「リペアサービスでは、糸やビスの1本までパリと同じパーツを取り揃え、修理に熟練した職人がお直ししております。また、リペアサービスでは、修理内容を直接お客様とご相談し、そのうえ、一つひとつ丁寧に修理いたします。丹精込めて修理し、お

客様のご愛用品への思いにお応えできることは、私たちにとって、大きな喜びです」

（ルイ・ヴィトン　ホームページより）

ルイ・ヴィトンは、ルイ・ヴィトン製品の愛用者、リピーターであればあるほど、修理に対しての要求が高いことを熟知している。これらの顧客に満足を与え、長期にわたりご愛用いただくことが、結果として、ルイ・ヴィトンに対するブランドロイヤリティーを高めることになると信じ、リペア・ポリシーを掲げて実践しているのだ。

実際、ルイ・ヴィトンのホームページには、リペアに対する丁寧な案内がなされている。全店舗でリペアを受け付けられる体制を取り、専門スタッフを有している。特に大阪駅前のヒルトンプラザ内の店では、修理する作業所が店の奥ではなく手前のウィンドウ越しにあり、修理の様子が見えて客に好評とのことである。当然どこの店舗でも、郵送でも修理を受け付けている。さらにはインスペクション（検査）で修理品のクオリティチェックまで行う体制を築いている。工場までのブランド化や定番的な伝統商品が多いのも、修理部材の在庫管理がしやすく、リペア対応のしやすい要因の一つだ。というよりも、高品質の手作りにこだわったブランドの当然の道であったのだろう。

顧客が品物の良し悪しを判断する基準は、シンプルにいうと二つある。機能の良し悪

しと長く使えるかどうかだ。機能の良し悪しについては置いておくとして、長く使えることに関係してくるのが、リペアサービスの存在だ。つまり、ルイ・ヴィトンの場合、「よい物を長く使う」という訴求を強化する効果がある。

修理のできるルイ・ヴィトンの鞄と、ほかのブランドの修理のできない鞄を比べたとき、どちらのほうを長く使えると評価するかは自明である。「ルイ・ヴィトンにはリペアサービスがある。壊れても修理をすれば元どおりになるので、一生ものとして使い続けられるし、将来自分の子供にも使わせることができる」と、みな、異口同音にいう。かくして、ルイ・ヴィトンの顧客は一生ルイ・ヴィトン製品を使い続け、顧客離れはきわめて少なくなる。

また、ルイ・ヴィトンの鞄は、ゴミにならない。壊れても修理できるし、飽きたらリサイクルショップに引き取ってもらう。未来永劫、ゴミにならないので、ルイ・ヴィトンは究極のエコ商品かもしれない。

修理の際は、底鋲、Dリング、ポワニエ、パドロック、アルカンタラ、カデナなど、ルイ・ヴィトンの製品の用語をいろいろと覚えることになるが、これも面白い（巻末の用語集を参照）。

実は、修理できないということで断られるものもある。グラフィティやチェリーブラ

ッサムのペイントの塗り直しだ。これだけは、剥げてしまうと塗り直しができないと店員さんに聞いた。それなら全部きれいに剥がして、普通のモノグラムにできるかとも訊いたが、無理だそうだ。なお、この２種類はモノグラムにペイントしたものなので、１個１個柄が違ってくる。

ルイ・ヴィトンのほかには、エルメスも修理が利くことが知られている。職人と工房と組織力を持っているブランドだけが万全の修理体制が敷けるのである。

そして、この修理に対する姿勢や体制が「やっぱりルイ・ヴィトンにしてよかった」というファンを増やしている。

## PLACE 7▽店舗コンセプト個性化の法則

ルイ・ヴィトンの建築物に対するアプローチとはどんなものか。ルイ・ヴィトンは、世界中の店舗空間にて、現代建築をリードする国内外の建築家たちとコラボレートをして、ショップをデザインしている。２００３年４月に開催された、ルイ・ヴィトンの建築シンポジウムには、来日中のポール・スミスが飛び入り参加し、各エリアごとに建築コンセプトを変えるルイ・ヴィトン方式に賛同したという。代表的な店舗における、地

域性、ショップコンセプトの相違は紙数の都合により省略するが、秦郷次郎著『私的ブランド論――ルイ・ヴィトンと出会って』(日本経済新聞社、2003年)でも詳しく述べられている。

各エリアごとに建築コンセプトを変えるルイ・ヴィトン方式により、それぞれの特性や個性を発揮した店舗作りが実践されている。パリの雰囲気の模倣による信頼確立という日本支店設立当初のステージからステップアップした、成長戦略基盤の店舗作りが進行中なのである。名古屋栄店、松屋銀座店での独自デザインへの挑戦、世界各首都における再構築戦略のシンボルである表参道店、グループ力を活かした初の複合店である神戸店、ルイ・ヴィトン方式にのっとった中核都市のパイロットショップとしての高知店、都会文化都市の気質を前面に打ち出した六本木ヒルズ店、伝統と革新性の再発信となる銀座並木通り店。共通していえることは、個性を掲げつつ、街並みとの調和を考えた設計であることだ。ブランドによっては街並みとの調和を無視した自己主張の強いデザイン店舗も散見される。街に与えるインパクトが強いからこそ、個性と調和のバランスを重視したのがルイ・ヴィトン方式なのである。

## PLACE 8 ▽ 出店戦略　成長の法則

市場の変化の半歩先を見据えて、戦略を練る。永久に変化し続ける顧客ニーズに対し、変化をし続け、顧客を恒常的に飽きさせない。小売、ファッションに完成形、不変という言葉はなく、絶えず内部に変革の心と力を有していなければ生き残れない。よく聞かれる文句である。

ルイ・ヴィトンにおいても、当然日本進出後の約29年間、同一の店舗形態で過ごしてきたわけではない。店舗は環境および、ブランドの成長段階や戦略に応じて、適した店舗に成長しなければならない。そうでなければ、厳しい競争の中、売上を伸ばし続けることなどできないのだ。その時代にベストの販路を選ぶ。ブランド育成には欠かせない法則である。

ルイ・ヴィトンの出店戦略をきわめて簡単にいうと、ブランド導入期、育成期には百貨店のインショップ形態の店舗を開拓し、安い投資とすばやい多店舗化によりブランド認知度のアップと実績拡大に努めた。いや、普通のブランドならブランドの認知度アップを図る時期だが、ルイ・ヴィトンに関してはこのときすでに認知度をアップさせる必

## 表1　店舗出店推移トピックス

| | | |
|---|---|---|
| 1978年 | | ルイ・ヴィトン日本支店設立。正式店舗が東京、大阪に6店舗出店 |
| | 3月 | 高島屋東京店・高島屋サンローゼ赤坂店・西武渋谷店・西武ピサ大阪ロイヤルホテル店・アンロワイヤル阪急17番街店が出店 |
| | 9月 | 大阪高島屋店が出店 |
| 1981年 | | ルイ・ヴィトン ジャパン社設立。日本国内初の直営店となる銀座並木通り店が出店 |
| 1983年 | | 2番目の直営店となる神戸元町店が出店 |
| 1986年 | | 3番目の直営店となるヒルトンプラザ店が大阪梅田ヒルトンホテルに出店 |
| 1987年 | | 4番目の直営店となるサンローゼ赤坂店がホテル・ニューオータニに出店 |
| 1989年 | | 5番目の直営店となる青山店が出店 |
| 1998年 | | 世界で3番目（日本国内初）のグローバルストアとなる大阪心斎橋店が出店 |
| 2002年 | | 世界最大級の旗艦店、国内44店舗目となる表参道店が出店 |
| 2003年 | | 高知に初の独立路面店となる高知店が出店 |
| | | 六本木ヒルズ店が出店 |
| 2004年 | | 銀座並木通り店リニューアルオープン |
| 2006年 | | 伊勢丹に初の出店となる伊勢丹浦和店が出店 |
| 2007年 | | 名古屋駅前に国内54店舗目、グローバルストアとしては11店目となるミッドランドスクエア店が出店 |

販路構成（2007年5月現在）

| | |
|---|---|
| 百貨店インショップ | 43店（約80％） |
| 路面店 | 11店（約20％） |

要はなかったかもしれない。実績が拡大したことにより、直営店への投資に切り出す。ブランドのイメージの発信と収益をすべて吸収する店舗が狙いであり、第1号店は1981年の銀座並木通り店であった。そしてルイ・ヴィトンはプレタポルテ参入などモード化への発信により、さらなる成長拡大期に入る。そこで必要になったのが、洋服を展開できる店、およびモード化に対応できる巨大なイメージ店であり、大型店の出店が必要となったのである。

ルイ・ヴィトンの最大級大型店である表参道店は、日本進出時から必要であったわけでなく、環境およびブランドの成長や戦略に対応し、必要な時期に誕生したわけである。

店舗出店推移トピックスを表1に示す。

## PLACE 9 ▽インショップ出店の法則

ルイ・ヴィトンの出店戦略を語るうえで、百貨店にインショップという形式で出店する百貨店戦略と自社店舗における路面店戦略、の二層の戦略があることを明確にしなければならない。

ここでは前者について述べる。後者は次節で述べる。

両者の目的やブランド戦略のうえでの目論見は異なり、それを上手に活用したブランドがルイ・ヴィトンといえよう。

1978年、ルイ・ヴィトン日本支店設立により、同年中に正式店舗が東京、大阪に6店舗出店を遂げる。髙島屋東京店、髙島屋サンローゼ赤坂店、西武渋谷店、西武ピサ大阪ロイヤルホテル店、アンロワイヤル阪急17番街店、大阪髙島屋店の6店舗であり、すべて百貨店、ホテル内のインショップ形式での出店であった。

現在でも同様のことがいえるが、インポートブランドのブランド知名度、認知度のアップには、百貨店出店が近道である。当然、会社の資本力の問題であるが、百貨店への出店は、テナント料というとわかりいいが、取引契約で交わした売上の何パーセントかを百貨店に支払うという仕組みのもとに成立する。商品が売れた段階で、その売れた商品の上代から下代を差し引いた分が、百貨店の利益となる。その下代のパーセンテージを掛率と呼び、それがブランドを所有するジャパン社、アパレル商社の取り分になる。掛率は60～80パーセントが基本であろう。

そのほかにも、百貨店が商品を買い取り、自社の意思でマーチャンダイジングを行い、ショップ運営を図る買取制度、一部返品が可能となる本納仕入れ制度がある中、販売員や店舗運営、在庫管理などを踏まえ、それぞれの契約を選択していくわけである。取引

形態はともあれ、百貨店にインショップで出店するのと、自社で土地を確保し、店舗を建設して、什器からレジカウンターまでの備品を手配し、宣伝をしながら、出店する直営店とは、費用が比べ物にならないのは想像に易い。

企業はブランドを育てなければならない。問題児をスターに、スターを金のなる木に育てたい。

日本での実績に乏しいインポートブランドは、百貨店内のセレクト編集平場などからの出発を図る。または自社が経営するセレクト・ショップでの展開を始める。実績のないブランドは、当然国内市場用に買い付けるバジェット（買い付け額）の予算化も困難なため、少量の規模となる。その少量の規模を、まさにパイプ（３尺パイプがベーシックであり、長さ90センチのハンガー掛けパイプのこと）２本程度の展開面積から開始するのだ。パイプ２本では、ブランドイメージも何もない。そんな空間が存在しない。だが、そのたったパイプ２本の展開面積を獲得するのにも、懸命な営業活動がともなうものである。

展開売り場を獲得し、商品が納品されたあと、徐々にショップの顧客に気づかれ、実績につながることにより、顧客の志向データが蓄積される。それにより今後の売上が見

込めるのならば、次シーズンでは展開面積がパイプ5本になり、次シーズンにはコーナーを持つまでに成長する。展開面積とともに、買い付けのバジェットも拡大する。ブランドの成長とともに、顧客も成長し、販促活動とともに認知度が上がる。その段階で、インショップがようやく現実的な目標となり、ブランドイメージをともなう空間の拡大により、ブランドを確立していく。そのインショップの規模が増加する段階で、ブランド構築の最終章として、直営店が見えてくるのだ。

話をルイ・ヴィトンに戻すが、1978年、正式店舗を百貨店、ホテルのインショップとして6店舗立ち上げた。

ルイ・ヴィトンに関していえば、ブランドの認知度や知名度を強化する必要はなかった。1970年代末期は、国内は並行輸入業者を中心に、一般の人には届かない価格設定による、「高級なものは高額」という発想が市場に浸透しており、希少性を際立たせ、購入者の心理を満足させる商法がまかり通っていた時代である。雑誌媒体でも、「パリの本店は日本人が行列をなし、時間制限をされ、ようやく店に入れば欲しいものがない。しかも店員は横柄でサービスもよくない」と週刊誌が書きたて、ますますルイ・ヴィトンの希少性認識は高まる一方の時代であった。

「適正価格で息の長いビジネスをしたい」というのが、秦元社長の狙いであり、並行輸入業や贋物を駆逐することが目的であったため、百貨店の立地や知名度を活用した、即戦的な6店舗の出店は、最適な戦略であった。百貨店がパリで買い付けた商品を、ルイ・ヴィトン仕様の店舗で、ルイ・ヴィトンの社員が販売するという、秦元社長の掲げた方式に、百貨店ははじめ、難色を示したが、適正価格で販売される、正式店舗の登場に、品不足に飢餓感を持っていた女性は大いに飛びつき、売上は急激に伸びていった。

それまでの「高級なものは高額」という乱暴な商売とは一線を引き、高額品と高級品の違い、歴史と伝統を有するルイ・ヴィトンの製品は一流品であることを世の女性に伝えるために、信頼感を提供しなければならない。そのための施策はバーゲンをしなかったり、リペア体制を整えたりと多岐にわたるが、ショップの雰囲気を本国のショップと同様にすることで、ルイ・ヴィトンの本場の香りを漂わせたという点も見逃せないだろう。

近年、百貨店への出店も、新局面を迎えている。２００６年3月、伊勢丹浦和店（さいたま市）の大改装に際し、同店１階に広々としたルイ・ヴィトン店がオープン。開店時には店舗前の国道で交通規制が行われるほどの混雑となり、大きな話題を呼んだ。伊勢丹はそれまで、独自の選択眼で商品を選択して並べる「自主編集売り場」にこだわり、

ブランドへの「場所貸し」を避けていたが、浦和店の成功で、伊勢丹へのルイ・ヴィトン出店は拡大しそうだ。

実は、2000年に大丸京都店で、売り場面積拡大要求を断られたルイ・ヴィトンが同店から撤退したところ、同店の売上が急落。2004年、大丸側が別館をルイ・ヴィトン用店舗として提供し、和解したと思われる〝事件〟があった。伊勢丹もそうした動きを見てルイ・ヴィトン導入を決断したと見られ、その他の百貨店へのルイ・ヴィトン出店も加速する可能性が高まっている（長沢伸也「ルイ・ヴィトンが日本で新・拡大戦略を開始した」『週刊エコノミスト』2007年3月13日号、毎日新聞社）。

なお、ルイ・ヴィトンは異なるが、多くの海外ブランドはインポーター（輸入）商社に頼り、似たようなかたちでブランドを成長させてきた。

しかし、ある規模まで成長させたブランドが、本国傘下の日本法人であるジャパン社に奪われてしまうというパターンが、資本による編成化とブランドの本国直接管理が進んでいるファッション業界では、多く見られる。サンフレールのジル・サンダーはプラダ・グループとしてジル・サンダー ジャパンへ、三崎商事のドルチェ＆ガッバーナもドルチェ・アンド・ガッバーナ・ジャパンとなった。グループ化で再編されるブランド

は、大概それを扱っていたインポーター商社にとっての核ブランドであることが多い。それはインポーター商社にとって、大きな打撃となるのだが、即座に次の核ブランドを育成しなければならず、エンドレスのブランド育成請負人としての宿命といえよう。

## PLACE 10 ▽ 直営店成長の法則

ルイ・ヴィトンは即戦力として百貨店インショップを増加し、売上を拡大しながら、ついに待望の直営店を手掛ける。１９８１年、銀座並木通りに、初めての直営店がオープンする。

並木通りに面したウィンドウには、最新のバッグが飾られた。直営店という空間を活用することにより、当時のパリのブティックの雰囲気で買い物が楽しめると話題になった。このパリの雰囲気を継承した店作りによる、ルイ・ヴィトンの信頼性と安心感の拡大戦略は、全国の百貨店、直営店に伝承され、各都市の顧客を満足させるという成功を収めた。と同時に、ルイ・ヴィトンの新たな成長戦略の始まりとなったのだ。つまりは店舗のあり方の成長戦略ともいえる。

１９８１年当時の直営店、さらにいえばパリの１５３年前の店と現在の直営店の意味

合いはまったく異なるのである。

●ファミリー・ビジネス時代の直営店

伝統や歴史といった言葉は、信頼感、安心感という言葉と同時に、保守的という言葉を連想させる。それはルイ・ヴィトンにおいても同様であった。百数十年という長い年月の間、ファミリー・ビジネスを基礎に、脱皮し、進化し、世界規模の市場戦略を行ったルイ・ヴィトンは、ヨーロッパ、アメリカ、日本を中心に、世界各地で堅調なビジネスが成立していた。しかし、安定した実績を確保できる反面、安定しすぎたブランドには爆発力がないというジレンマが起こる。

旅行鞄専門店としての立場を色濃く残す結果、商品の新ライン開発のテンポもスローなもののままであり、その分、新たな商品の話題性は少なくならざるを得ない。たしかに、既存商品や定番商品で、安定した売上を確保できるというのは、やはり伝統と歴史、その他数々の顧客への信頼を獲得する施策の結果であり、ブランドとしては非常に価値のあることである。数多くのブランドが、ブランドロイヤリティーを上げるために欲している要素である。だが、それには多大なる時間を絶対的に必要とするのだ。そもそも、ルイ・ヴィトンやクリスチャン　ディオールに目をつけたＬＶＭＨのベルナール・アル

ノーCEOは、ブランドを一から育てるのは、非常に困難で、時間を要するものであるから、その価値をすでに有している、これらのブランドの買収に名乗りを挙げたのだ。

ファミリー・ビジネス時代から継続してきたパリのブティックはもちろん、日本出店初期の直営店は旅行鞄専門店としての色を濃く残したものであった。日本での直営店の第一の目的はパリと同じ空間、雰囲気のもとでの買い物の実現であったのだ。

●ルイ・ヴィトンのモード化と店舗

ルイ・ヴィトン、エルメス、セリーヌ、ロエベといったブランドは、旅行鞄、馬具、子供靴、革製品の専門店として開業し、それぞれの専門分野において高級ブランドとして認知され、当然コレクションのようなシーズンに関係なく、安定した売上を保持するメゾンであった。モード業界の多くのメゾンがシーズンごとの評価を受けながら、その評価が売上に直結するという不安定感をもとに生き抜いていく中で、堅実な経営をしてきたのだ。

逆にいうと、プレタポルテ参加ブランドが、春夏と秋冬の年２回のシーズンを軸に、市場に新たな挑戦を繰り返し大盛り上がりするのに対し、ルイ・ヴィトンなどは蚊帳の外だった。

そんなルイ・ヴィトンが1996年から変化を見せる。さらなる拡大を目指したモード化への発進である。

LVモノグラムの生誕100周年であったこの年、記念企画として「セブンデザイナーズ イン モノグラム」を発表した。アズディン・アライア、シビラ、アイザック・ミズラヒ、ヘルムート・ラング、ヴィヴィアン・ウエストウッド、マノロ・ブラニック、ロメオ・ジリといったデザイナー7名によるオリジナルのモノグラム・グッズである。

2代目ジョルジュ・ヴィトンがLVモノグラムを考案してから100年間封印されていた「ダミエ」も13アイテム限定で復活した。

翌年の1997年には、アーティスティック・ディレクターにマーク・ジェイコブスが就任した。98―99秋冬シーズンからプレタポルテのパリ・コレクションに参加している。

ちなみに、エルメスもマルタン・マルジェラ、ロエベもナルシソ・ロドリゲスをデザイナーに、98―99秋冬シーズンからプレタポルテのコレクションを発表している。セリーヌが若返りを図り、マイケル・コースをクリエイティブ・ディレクターに起用し、プレタポルテ・コレクションを発表したのも98―99秋冬シーズンである。

専門性と歴史を有したこれらのブランドのプレタポルテ参入の示す意図は、ブランド

によって異なる。しかし、どの老舗ブランドも、ブランドの再構築、新しい挑戦が根底にある。ルイ・ヴィトンの目的はインターナショナル・ブランドとしてのファッション化である。

シーズン立ち上げ期の雑誌（春夏が1～2月号、秋冬が7～8月号）は、ファッションのオピニオンリーダーであるファッショニスタともいわれるファッション大好き人間や業界人の注目度が高い。そのタイミングで記事になるには、モードに展開する必要がある。必然的に露出と話題の提供ができるのだ。

雑誌に掲載する広告にしてもそうである。キャンペーン広告は、マーク・ジェイコブスの紡ぎ出すストーリー全体を、洋服も含めたトータルファッションによって表現できるようになった。たとえば、03―04秋冬シーズンのルイ・ヴィトンの広告は、メンズがモデルのアンドレ・ヴェレンコーソ・セグーラ、そしてレディスはハリウッドを代表するムービースター兼ミュージシャン、自身のブランド「J. LO」も順調なマルチスターのジェニファー・ロペスを起用し、まだ広告が掲載される前から評判になった。

ルイ・ヴィトンのキャンペーンイメージはいつも、製作チームのかなりの綿密な打ち合わせのうえに作られている。マーク・ジェイコブスを中心として、フォトグラファーも初期段階から関わり、自身の考えを述べる立場にもなっている。そこまでして作られ

AFP＝時事

ルイ・ヴィトンの2006－2007年秋冬パリ・コレクション

マーク・ジェイコブスによるプレタポルテ・コレクションでは、ランウェイに登場するモデルが新作バッグを持っている場合が多い。写真はモノグラム・マルチカラー。ルイ・ヴィトンのプレタポルテ参入の意図は、洋服が起爆剤になってブランドが見直され、基本のバッグが売れるという循環にある。

た、マーク・ジェイコブスのストーリーが凝縮されたキャンペーン広告が雑誌に華々しく登場することは、ルイ・ヴィトンにとって強力なメッセージとなるのだ。

マーク・ジェイコブスによるプレタポルテ・コレクション発表の初期の頃は、ランウェイに登場するモデルが新作バッグを持っている場合と手ぶらで持っていない場合とが半々くらいだったように記憶している。しかし、たとえば最近の２００７年春先に行われた07—08秋冬シーズンのルイ・ヴィトンのパリコレクションでは、出てくるモデルのほとんどが新作バッグを手にしていた印象を感じた。もちろん、メディアも洋服と同等か、それ以上の割合で新作バッグを紹介し論評していた。

ルイ・ヴィトンのプレタポルテ参入の意図は、洋服が起爆剤となってブランドが見直され、基本のバッグが売れるという循環にあったのだ。そして、当然プレタポルテ参入に対応するフィッティングルームや陳列スペースのある広い店舗が必要となるわけである。店舗戦略も大きく変わることになった。

## ●戦略対応型の店作り

歴史ある老舗ブランド、ルイ・ヴィトンに、現在、未来に向けたファッション性が加わる。そういったルイ・ヴィトンの基本方針における新たなステップに、店舗も対応す

る必要がある。

新しいコンセプトのもとに、プレタポルテ対応型ショップとして生まれたのが、１９９８年、世界で３番目（日本国内初）のグローバルストアとなる大阪心斎橋店である。

プレタポルテ参入以後、巨大な大型店の出店が加速していく。プレタポルテの大きな特徴を挙げると、①流行性、②シーズン性、③当たり外れの格差による非安定性である。いままでのルイ・ヴィトンのビジネスに比べれば、リスクは高いが、大きな飛躍の可能性も多分に含んでいるわけである。そしてシーズンごとに流行の発進をする宿命に手を挙げたルイ・ヴィトンは、流行や新しいブランドイメージを発信できる空間を必要とした。と同時にウェアを展開する什器やコーナーを必要とした。既存のバッグやシューズ等雑貨を展開していた棚にウェアを展開することはできない。当然ハンバーを掛けるパイプ状の什器やウェアを着せて飾るマネキンなど、新しいスペースが必要不可欠となるわけである。

ウェア等新しい展開スペース、およびトレンドを発信できる空間スペースを必要とするブランドに進み始めたルイ・ヴィトンにとって、必要なのは店舗面積であった。店舗の拡大に対応できなければ、モード化は中途半端な施策に終わってしまうことを意味する。

しかし、百貨店のインショップは他ブランドとも競合しているわけで、即座の面積拡大は困難な場合が多い。あくまでイメージコントロールは百貨店の規格内に制限され、さらには面積が2倍になれば、百貨店に渡る収益も2倍になる。その結果、資本と実績を兼ね備えたルイ・ヴィトンは直営店の出店を加速する戦略を選んだわけである。

一般の人にとっては、自分の住居を考えたとき、賃貸で暮らすか、マイホームを購入するかと考えるとわかりやすいのではないか。マイホームを購入できる財力を持ったルイ・ヴィトンは、思いどおりにできるマイホームを増やし始めたわけである。

成長戦略基盤の店舗が建設されていく一方で、既存店での整理も並行して行われている。モード化に動き出した１９９６年以降、１９９６年には博多の岩田屋、西武池袋店、２０００年には渋谷東急本店、大丸京都店（２００４年12月にそれまで家具売り場などにしていた別館１階をルイ・ヴィトン京都店としてオープンしている）、２００１年には大丸心斎橋店、２００２年には青山ツイン店、サンローゼ赤坂店、２００２年には神戸元町店がショップをクローズしている。

対して、整理とともに、活性化もされており、２００３年には浜松遠鉄店、名鉄店、岡山髙島屋店、三越松山店、三越千葉店、そして２００４年9月、国内直営店1番店であった銀座並木通り店が、創業１５０周年記念のメインイベントとしてリニューアルオ

ープンを遂げた。

モード参入により、より市場を敏感に感じ取り、継続的な成長をもくろむルイ・ヴィトンの店舗改革は余念がない。安定した売上からのさらなる高みを目指して、進化する店作りを進め、しかし基本の歴史に基づく信頼のための施策は揺るがない。土台があまりにも確立されているからこそ、高みへのチャレンジができるという流れが、最近のルイ・ヴィトンであろう。2004年の創業150周年という区切りの年を越え、今後はどのような成長戦略を邁進するのか、他ブランド企業からの熱い視線が続くことだろう。

なお、直営店の中身となる店員は、この数年間大量採用をして自前店員を育ててきたが、現在日本国内54店舗すべてで自前店員にできた。

これは別途に〈直営店自前店員の法則〉とでもすべき重要なことではあるが、文章にすると数行で終わってしまう。百貨店などからの応援販売員がルイ・ヴィトンの制服を着て店員として立っているのと自前店員とどちらが望ましいかは、責任や専門知識、熱意などが格段に違うので自明だからである。しかし、実行するのは容易ではない。

ルイ・ヴィトンの店員に、接客マニュアルはない。これはヨーロッパ式であろうが、ハイレベルな採用をして、しっかり教育したらあとは任せているのだ。店員は個性を潰されずに、機転を利かせて工夫をしながら仕事できる。コンシェルジュはマニュアルではで

きまい。

## PLACE 11 ▽有料カタログによる店舗補完の法則

全国に54店舗の店舗エリアに住んでいる人はいいが、地元にルイ・ヴィトンのショップがない人は、どうすればよいのか。店舗のない地域に住んでいる人々にも、統一したサービスの提供が望まれている。さらにはインターネット市場における無店舗販売が巷に出回っている。店舗に足を運ぶ時間のない人々に対してのサービスも望まれている。

顧客に対する信頼を信条とするルイ・ヴィトンはどのような対応をしているのだろうか。

ルイ・ヴィトンは毎年、カタログを製作している。かなりの情報量で、カタログも1000円と有料である。このカタログも相当の人気があり、有料であるにもかかわらず、完売してしまうというのだから、ブランドとしては驚きである。普通、カタログは無料なのが常識である。

1986年に銀座並木通り店にて、製品カタログ係がスタートした。以後、変更を繰り返しながら、現在は2001年からのダイレクトオーダーサービスとして成り立っている。女性ファッション雑誌などにもカタログの広告が掲載され、ルイ・ヴィトンファ

ンには欠かせないアイテムとなっているようだ。ほかにも、春・夏・秋・クリスマスの年4回でDM（ダイレクトメール）が発送されている。

ブランドによってカタログの形態はそれぞれである。カタログは作成せず、イメージDMのみを作成し、顧客の来店促進に利用しているブランドもある。DMはハガキの形態が主流なのでもちろんだが、カタログに関してもコレクションアイテムのモデルを使用したヴィジュアル・イメージ的な要素のカタログが多い。当然掲載アイテム数も限定的である。「こんなイメージの商品が揃っていますから、店頭に遊びに来てください」という来店促進喚起の施策として、無料配送や店頭配布が主流である。

これに対して、ルイ・ヴィトンは有料で、多大な情報を提供している。これも、定番、継続の人気アイテムを数多く有する、ルイ・ヴィトンならではのものであろう。

有料で、価値のある豊富な情報が含まれるカタログであるからこそ、店舗のないエリアの顧客、店舗に行く時間のない顧客に対するサービスとして、確立するのだ。

店舗のないエリアの人のほうが、雑誌、テレビ媒体などからの情報により、我慢している分、熱狂的なファン心理に駆られていることは珍しくない。そのような潜在能力を持つ地域のファンを、見逃す手はないのである。

# 第4章

# PROMOTION（販促）に関する法則群

The Principles
of
LOUIS VUITTON

ルイ・ヴィトンの法則

ルイ・ヴィトンの戦略を、マーケティングの４Ｐ（製品・価格・流通・販促）ごとに体系的に分析し法則にまとめてきたが、４Ｐの最後にPROMOTION（販促）について見てみる。通常のマーケティングでは多く売ろうと思ったら「大量の広告」が求められる。TV広告はその代表である。しかし、ルイ・ヴィトンはTV広告しない。新聞・雑誌の広告はするが「売らんかな」ではなくイメージ広告主体であり、むしろ販促のウェイトはパブリシティ（メディアに取り上げられること）である。ヴィトン家の時代は販促に熱心だったとはいえないので、PROMOTION（販促）に関する法則の多くは、持ち株会社であるLVMHのラグジュアリーブランド戦略に拠るものが多いと思われる。しかし、〈ド派手パーティーの法則〉などは日本において特に強調されているといえよう。

## PROMOTION 1 ▽ テレビCM禁止の法則

ルイ・ヴィトンはテレビCMをしない。いや、これはラグジュアリーブランド全体にいえることだろう。ファッションブランドの中でも、オンワードなど一部の国産ブランドや化粧品ブランド以外のブランドにおいて、テレビCMにおける露出は限定的であり、目にすることはない。

ルイ・ヴィトンがテレビCMを広告媒体の手段として選ばない理由は何であろうか。その理由を考えてみよう。

まずは、「テレビCM自体が適当ではない」という理由があるだろう。

テレビCMでは、スポットCM、番組CMを問わず、コマーシャルと前後で流れる映像との間に断絶がある。しかし、コロコロ切り替わる映像の中、たとえばカップラーメンのCMのあとなど、前後の映像の印象がルイ・ヴィトンの認知に混ざったらそれこそ逆効果になる。

また、番組CMならその番組、スポットCMなら前後の番組の印象がついて回ることを否定できない。たとえば、ある番組を見ようとテレビをつけたら、偶然だけれどもル

イ・ヴィトンのスポットCMが流れて、その直後、目的の番組が始まったとしたら、バイアスがかかるのではないか。15秒刻みのコマーシャルと番組で、印象や情報を刷り込もう刷り込もうとしているのがテレビである。

ルイ・ヴィトンに限らず、ブランドをマネジメントするときにはブランドのイメージの一貫性を大事にするものである。ほんの少しでもほかの情報が混ざり込む可能性があるテレビCMは手段として選ばないほうが、ブランドイメージの一貫性において優れている成果となると判断したものだろう。

さらに、「テレビCMはコモディティ中心の場である」ことも考えられる。

洗剤、自動車、消費者金融、お菓子、ゲーム、コーヒー、お酒、調味料、たばこ、コンビニ、下着、スーパーマーケット、安売り、家電、新曲、等々、テレビCMは普段の生活と密着した感覚があふれている。ルイ・ヴィトンなどのラグジュアリーブランドは、ある意味、普段の生活や日常から隔絶された、夢や魔法の世界を演出する品を持ち合わせるべきであって、コモディティとは一線を画さなくてはならないのかもしれない。

高級車であるメルセデス・ベンツも、クラスによってはテレビCMを行うが、ロールス・ロイス＆ベントレー、ジャガー、フェラーリ、ポルシェなどはテレビCMを行っていない。

次に、「リーチ」と「リッチネス」の問題があると考える。

リーチとリッチネスは、情報の経済性や、広告メディアの特性などの話題に出てくる言葉である。リーチは情報の到達範囲の大きさをいい、リッチネスは伝わる情報の充実度をいう。具体的には、テレビCMなどがリーチ重視の広告手段であり、個別面談による製品紹介などがリッチネス重視の広告手段である。リーチとリッチネスは、通常、トレード・オフの関係にある。

ルイ・ヴィトンが広告を行おうとする際に、リーチとリッチネスのどちらを選ぶかと考えれば、断然リッチネスを選ぶであろう。

リーチ重視ではいけない理由を二つ挙げてみよう。

ルイ・ヴィトンなどのラグジュアリーブランドのビジネスは、マス・マーケティングではないということが考えられる。大衆すべてを相手にするのではないから到達範囲の大きさは重視しなくてもよいのだ。到達範囲の大きさはリッチネス重視の情報発信の弱点となるが、弱点を気にしなくてよいのだ。

また、リーチ重視の広告媒体は情報量が少ない。「○○で、バーゲン、明日から」など、５Ｗ２Ｈを伝えるだけのテレビＣＭもある。15秒、長くて30秒という短い時間の映像表現では、ルイ・ヴィトンの意図する訴求を視聴者に伝え切れないと判断したのだろう。

とすれば、香水と口紅のテレビCMにも説明がつけられる。ラグジュアリーブランドの商品の中でも、香水と口紅など化粧品は、オートクチュールやコレクション等とは違って、わりと大量生産を行って売っているのである。少しだけマス・マーケティングの要素を含有しているのだ。また、マス・マーケティングに属するファッションブランドといえるであろうユニクロはテレビCMを行っているというのも興味深いところである。

2003年9月15日、J―WAVEは9：00〜17：55の約9時間にわたってルイ・ヴィトンの番組を放送した。J―WAVEの六本木ヒルズ引っ越しとルイ・ヴィトン六本木ヒルズ店オープンを記念した企画で、『LOUIS VUITTON presents MIRAGE OF MUSIC』という。

六本木ヒルズ店の開店の報せをするために必要なリッチネスはFM放送を9時間借り切って、ステキな音楽を流すぐらいのものらしい。「六本木ヒルズに新店舗をオープンします」というためだけで、FM放送で9時間かけるのだ。

もちろん、ラジオは古いメディアであるがゆえに、芸術を表現する媒体になっており、テレビとは違った趣があり、質が違う。しかし、ラジオ9時間分の情報量と「9時間占領する」ということ自体の印象をテレビCMで実現することははたして可能だろうか。そんな広告枠はあるのだろうか。

リッチネス重視の情報発信の優れたところは、マインド・シェアの拡大ができるので、ブランドロイヤリティーを意図的に狙って得られることである。

マインド・シェアは、マーケット・シェア（市場シェア）との対比でよくいわれる言葉である。マーケット・シェアを拡大するというのは、新規顧客を獲得して、顧客数を増やそうとする動きを指し、「数」の次元での占有を云々するものである。それに対して、マインド・シェアは既存顧客をさらに深く耕そうという動きを指し、「気持ち」の次元での占有を云々するものである。純粋想起、あるいは再生知名で、「あなたの好きなブランドは？」と聞かれたときに、真っ先に頭に浮かんだ銘柄が、あなたのマインド・シェア第1位のブランドである。

ブランドロイヤリティーは、特定ブランドが大好きな熱心な顧客をいう。当然、ルイ・ヴィトンのブランドロイヤリティーたちのマインド・シェアは、ルイ・ヴィトンが占めている。

ブランドロイヤリティーを得たいというのは多くの企業の願望であり、そのためにCS（顧客満足）に工夫を凝らしたりしているが、リッチネス重視の情報発信をするのも一つのアプローチである。鞄のお手入れ方法や、新作の特長や村上隆やマーク・ジェイコブスの話などを、店員と客が濃密に話し合う情報の充実度をルイ・ヴィトンは大事に

している。

## PROMOTION 2▽パブリシティ重視の法則

ルイ・ヴィトンも、他のラグジュアリーブランドと同様に有料の広告を行っている。しかし、一般のブランド以上に、雑誌や新聞、メディアにブランドや商品名を取り上げてもらうパブリシティ（マスコミによる広報）を重視している。

たとえば、ルイ・ヴィトンの大型店のオープニング前には、各種ファッション雑誌が大特集を組むし、盛大なオープニングパーティーが大々的に報道されるが、実はなるべくしてそうなっている。

広告とパブリシティを比べたとき、外部からの見え方の差として一つ指摘できる。スタンスの面で、「広告費をお払いして載せていただいている」よりも「記事にしたいとプロポーズされたので取材を受けてあげた」ほうが、より吸引力と客観性があり、ファンや読者を惹きつける。

広告と特集記事を比べるならば、媒体の面で、広告欄に載るよりも特集記事欄に載るほうがゴージャスであること。さらに、特集記事ならば、雑誌の表紙に『今月の特集：

ルイ・ヴィトンの○○』と大書きされる。『今月号はルイ・ヴィトンの広告が満載』と書かれることはない。

雑誌などに特集記事を組ませる、あるいはパブリシティを獲得するというのは、平素から多くの広告を出して、出版社や雑誌編集部などと良好な関係を築いておくことが重要である。雑誌の巻頭数ページの広告部分に、お決まりの『白い縁取り』の広告をご覧になったことがあるだろうか。ファッション雑誌以外でも、以前、筆者は『ニューズウィーク日本版』に広告が載っているのを確認した。そして、同誌２００２年10月２日号にはルイ・ヴィトン特集が載った。

これには大掛かりな目論見がある。具体的には、大型店の開店前や製品の発売前に需要を作っておくことなどである。

商店が開店するときには、一般にはビラを撒く、またはちょっと予算をかけてちんどん屋でも雇ってみて、近隣の顧客予備軍に需要を作ろうとする。この行為自体は一般の商店で珍しくないのだが、高級ブランドであるルイ・ヴィトンがするわけにはいかない。ルイ・ヴィトンの仕掛け方は大掛かりで、かつよく考えられている。

最近の例では、２００２年９月１日の表参道店開店の際の戦略が典型的だ。

多くのテレビ番組でニュースとして取り上げられ、多くの雑誌で特集記事が組まれた

が、集英社のファッション雑誌『SPUR』の特集が特に印象深かった。開店直前の発売となる2002年10月号は、表紙に『ようこそ ルイ・ヴィトン表参道ビルへ』と大書きされており、付録に表参道店を仮想体験できるムービーファイルが入ったCD—ROMがついていた。集英社の努力と工夫もさることながら、そのような特集記事の作成にはルイ・ヴィトン側からの支援がなければできることではないであろう。

店舗オープンに関する演出は、後述するド派手なパーティーもあった。このようなマクロ的な演出と同時に、ミクロ的な演出も行うのがルイ・ヴィトンの戦略の常である。

表参道店オープンを記念する限定アイテムを出し、腕時計類の先行発売を行った。限定アイテムの発売とは、モノグラムの『レシタル』とダミエの『レコレータ』が各1000個限定で発売されたことである。この2種には、限定の証として、『OMOTESANDO2002』と刻印されたヌメ革が内部についているということでも話題になった。腕時計の先行発売とは、ルイ・ヴィトンの新しい商品カテゴリーとして、腕時計を発売することを同年7月22日に発表しており、2002年秋冬以降に店頭に並べることになっていたのだが、これを前倒しして表参道店で先行発売したのだった。

これら商品の特別企画は、特集記事の内容を充実させ、ページ数を増やす役目を果たした。そのシナジー効果もあったが、目的はそれのみではない。

新規開店の店に行きたい、表参道の新スポットを見ておきたいと思わせるマクロ的な演出と、限定1000個の品、日本ではまだ他所で売られていない最新アイテムが欲しいと思わせるミクロ的な演出の組み合わせといえるだろうか。表参道という日本のファッション集積地を選定した立地戦略と、最大級店舗という出店戦略、そうしたPLACE戦略に対応した商品戦略と販促戦略を最大級に発揮させ、話題をかっさらうわけだ。果たせるかな、売る前に需要を喚起した成果で、開店前には二晩野宿した人を先頭に、1400人がおよそ1キロメートルにわたって行列を作り、1日で驚異的な金額を売り上げたそうである。

その後も他のラグジュアリーブランドの旗艦店が相次いでオープンしたが、ルイ・ヴィトンほどの特集記事や行列は見たことがない。

また、業界でいう「お貸し出し」というものがある。商品を貸し出して、それを写真に撮ってもらい雑誌に載せて、記事を書いてもらう。効果を記事の量と質で測定して、効果に見合わない投資は、広告と同様に「お貸し出し」でも見直すことになる。パブリシティはたまたまの結果論ではなく、マネジメントの成果である。

## PROMOTION 3 ▽ミューズの法則（市川團十郎の法則）

ルイ・ヴィトンのミューズ（女神。そのブランドを気に入って使っている有名人や、ブランドを象徴する人物で、特に女性）といえば、本当にたくさんいる。

王侯貴族の御用達については、有名なもので二つある。初代ルイ・ヴィトンがナポレオン3世の妃のウージェニー皇后の御用商人であったことと、1926年にインドのバロダ王のために作製した「ティーケース」がエピラインのはじめになったことである。

ほかにも、エジプトの皇帝イスマル・パシャなど、調べればどんどん出てくる。

●ココ・シャネル

王侯貴族以外では、まずは、ガブリエル・ボヌール（愛称ココ）・シャネルがいる。

定番バッグの『アルマ』は、ココ女史が1925年にスペシャルオーダーサービスに作らせたものが発祥である。

ココ女史は、彼女自身が彼女のブランドのミューズであると同時に、『アルマ』のミューズでもあって、さらにエルメスの社史にも登場する。ココ女史とエルメスの関係はフ

ァスナー（チャックは日本で用いられた商標、ジッパーはアメリカで用いられた商標）の縁である。ファスナーはアメリカで発案され特許になった。3代目エミール・モーリス・エルメスは、その特許の欧州での独占使用の権利を得て『ブガッティ（のちのボリード）』などに活用していた。そこに、ココ女史が「スカートにファスナーを使いたい」とエルメスに相談を持ちかけてきたそうだ。一時期はシャネルのスカートのファスナーをエルメスの職人が縫っていたという。

●オードリー・ヘップバーン

オードリー・ヘップバーンはミューズとしては八面六臂の大活躍である。彼女の着る服はジバンシィで、ユベール・ド・ジバンシィ本人とはプライベートでも仲がよかった。彼女の履いていた靴はサルヴァトーレ・フェラガモで、出演映画の有名なものに「ティファニーで朝食を」（1961年）がある。プライベートでは、『スピーディ』を持っていたとか、エルメスのバッグも持っていたという。

オードリーの出演作で、ルイ・ヴィトンの鞄やトランクは、助演小道具賞をあげたいぐらいの活躍をしている。オードリーの作品はレンタルビデオ店やDVDで見つけられると思うが、「昼下がりの情事」（1957年）の、トランクの役どころと象徴性を見て

いただきたい。

大金持ちの経営者フラナガン（ゲイリー・クーパー）に関心を持ったパリの娘アリアンヌ（オードリー・ヘップバーン）がこっそり会いに行く場面で、パリの超高級ホテル・リッツのフラナガンの部屋の前にモノグラムの大型のトランクが5、6個置いてある。フラナガンが大金持ちであることを象徴する演出である。すると廊下に従業員が来るのでアリアンヌはとっさにモノグラムの大型トランクの間に身を隠す。大型のトランクの間に隠れる小柄なアリアンヌ。クローズアップされると大きな目とLVの組み文字。また、部屋でフラナガンが旅立つ支度をしていたところへアリアンヌが入ってくると、「ちょうどよかった」といってフラナガンはアリアンヌをひょいと抱き上げ、荷物があふれて閉まらなかったLVモノグラムの鞄の上に乗せ、重石にして鞄の鍵を閉める。このようにこの映画のもう一つの見どころは、ルイ・ヴィトンであるといっても過言ではない。

ほかにも、「シャレード」（1963年）でのスティーマーバッグの役割というか演出も印象に残る。

また、オードリーは、日本の流行にも影響を及ぼす、かなり強力なファッションリーダーであった。スカーフの「アリアンヌ巻き」は、その「昼下がりの情事」でアリアンヌがやっていた巻き方から生まれたものだ。フェイスラインを包み込むように巻いて顎

のところで結ぶ。オードリーのスカーフの使い方にはほかにも「ローマの休日」（１９５３年）の首元に巻く使い方もある。ほかの話では、「サブリナパンツ」は「麗しのサブリナ」（１９５４年）が発祥である。「ヘップサンダル」のヘップは、ヘップバーンのヘップだ。

これらの映画を通して、ルイ・ヴィトンの鞄がオードリーのスタイルの一環として印象づけられ、次第に日本にも入ってきた。海外ブランドのハンドバッグなどが本格的に流行したのが１９７７年で、それでパリのルイ・ヴィトン店に日本人の行列ができ、秦元社長が日本で事業を始めたのが１９７８年である。

ルイ・ヴィトンが、最初に日本に入ってくるきっかけを作ったことに関して、オードリーは少なからず貢献をしている。

●ルキノ・ヴィスコンティとアラン・ドロン

映画監督のルキノ・ヴィスコンティと俳優アラン・ドロンのエピソードも有名だ。ルキノ・ヴィスコンティの「ベニスに死す」（１９７１年）はルイ・ヴィトンのためのような映画だが、彼はフェンディも好きだったらしい。それはさておき、アラン・ドロンは、ルキノ・ヴィスコンティがＬＶモノグラムのトランクを持っているのを見て、「ヴィスコ

ンティ監督はすごいね、彼のイニシャルをあしらったトランクを持っているよ」とかなんとかいったそうである。ルキノ・ヴィスコンティは上流階級の家の生まれで、アラン・ドロンはそういう階級の生まれではない。だから、アラン・ドロンはルイ・ヴィトンをよく知らなかったかもしれない。ちなみに、ルキノ・ヴィスコンティの綴りは、Luchino Viscontiである。なのでイニシャルがＬＶである。ヴィスコンティは常連客で42個のルイ・ヴィトンを買い求めたことが顧客カードからわかったそうである。

●リンドバーグ

「翼よ！　あれが巴里の灯だ」のセリフも映画も有名な、大西洋横断無着陸単独飛行を成し遂げたチャールズ・Ａ・リンドバーグは、コーヒーの水筒とサンドイッチの包だけ持ってパリまで飛行機で来たので、帰りの船旅の前にルイ・ヴィトンの店でトランク類を二つ購入したそうだ。１９２７年のことである。

●シャロン・ストーン

化粧ケース「ヴァニティ・スター」の『アムファー』は、女優シャロン・ストーンがスペシャルオーダーサービスに作らせた品である。内部には「DESIGN BY SHARON

STONE」との文字と彼女のサインが刻印されたヌメ革がついている。また、この共同デザインはアメリカＡＩＤＳ基金（略称が『アムファー』）に収益金を寄付しようという企画であった。『アムファー』はシリーズ化されており、Ⅰ、Ⅱ、Ⅲまである。

●後藤象二郎

日本人初のヴィトンの顧客は後藤象二郎であると、秦元社長の高知店開店スピーチで紹介された。後藤象二郎は、明治15年（１８８２年）11月に、欧州の視察旅行のために横浜を出航。マルセイユ経由で、パリに着いたのが明治16年（１８８３年）１月中旬。そして、１８８３年１月30日にシャンゼリゼの近くのルイ・ヴィトンの本店に行って１１０センチメートル級のトランクを買い求めたそうだ。

幕末から明治にかけて大きな足跡を遺した人物であるが、金遣いが少々派手だったと伝えられているので、パリのお洒落を買ってみたのは彼らしいところだ。

●市川團十郎・海老蔵

日本では、表参道店オープンのテープカットには歌舞伎俳優の市川團十郎・新之助（現海老蔵）親子が登場した。こういう場合の式典には王侯貴族などを招きたいところ

であるが、日本では皇族が一企業の店舗のテープカットをされるのはあまりにももったいなく、おそれ多い。そこで、趣向を変えて、東京一の店には、江戸の大スターの『市川團十郎』であるとして、市川團十郎丈にテープカットをお願いしたと見られる。

市川團十郎家は、歌舞伎界の超名門である。11代目市川海老蔵襲名披露にも演じられた「勧進帳」「助六」「暫」などの18演目を「歌舞伎十八番」というが、これは江戸時代天保年間に7代目市川團十郎が定めた市川家の当り役とされた演目をいう。たとえば「助六」は、正式には「歌舞伎十八番の内　助六由縁《すけろくゆかりの》江《え》戸《ど》桜《ざくら》」というが、市川家以外が上演するときは市川家にはばかって、尾上菊五郎丈のときは「助六曲輪《すけろくくるわの》菊《ももよぐさ》」、片岡仁左衛門丈のときは「助六曲輪初花桜」、坂東三津五郎丈のときは「助六桜二重帯」と変えている。これは、文政2年（1819年）3代目尾上菊五郎が市川家に無断で上演したので両家が仲違いをしたという、いわくつきだからである。また、「暫」のように歌舞伎独特の荒々しい演技と演出の様式を「荒事」というが、これは初代市川團十郎が始めたとされ、代々の市川團十郎によって「家の芸」として伝承されている。したがって、成田屋（市川團十郎家の屋号）の歴史はそのまま歌舞伎の歴史ともいえる。前述したように、道具箱のスペシャルオーダーもしているし、2004年10月のパリ・シャイヨー劇場での11代目市川海老蔵襲名披露公演、そして2007年3月のパリ・オペラ座での

「勧進帳」「口上」「紅葉狩」の公演では、ルイ・ヴィトンが後援していた。

●ミューズの寿命

以上に見てきたように、ルイ・ヴィトンは１５３年の歴史の分、非常に多くの顧客がおり、その中には有名人もたくさんいる。日本の各店のテープカットの際などには、その状況で最高の有名人を招待している。たとえば高知店のテープカットは、同県出身の秦元社長と、メディア露出が上手な橋本知事に加え、やはり同県出身の広末涼子が行った。

しかし、そこで、特定の人にべったりくっついてしまわないのが、「ミューズには最高の有名人を使う。しかし、特定の人だけをミューズにしない法則」である。ジェニファー・ロペスといったハリウッド女優がキャンペーンに登場したのも、一期限りであった。リンドバーグの大西洋横断飛行など、ルイ・ヴィトンのコンセプトの旅にぴったりのエピソードだが、彼をブランドの前面に押し立てているわけではない。

ブランドイメージが、一人の人物にべったりくっついてしまえば、その人物が老いたり衰えたりしたときに、ブランドも一緒に退場しなければならない。リバイバル・ブームが起きるかどうかは、ほとんど運任せであろう。

事実、オードリーがおばあちゃんであった時期、オードリーとジバンシィはともに衰え気味であった。オードリーが亡くなって時間が経ち、古きよきものとして見直されるまで、雌伏の時期があった。シャネルの『5番』のミューズであるマリリン・モンローや、ディオールのハンドバッグ『カナージュ（通称レディ・ディオール）』のミューズであるダイアナ元皇太子妃は、美貌が衰える時期がないまま亡くなり、美しいイメージが凍結保存されたが、これは悲しい。

一人の人物の盛衰と一蓮托生になってしまうのでは、ブランドはミューズの人間としての寿命を超える長寿を得られない。

## PROMOTION 4 ▽ 伝説に魅せられる法則

伝説は、見落としがちな、製品の魅力の要素である。

一般に「安かろう悪かろう（値段の安い品物は品質も劣る）」というように、お値段と品質は釣り合っているべきであるという、お値段＝品質の価格の妥当性がある。「品質バロメーター」の話である。しかし、伝説による魅力はこの等式に束縛されない。

また、高価なものを持つこと自体に意味を見出す「プレステージ」や「威光価格」の

話とも、少し逸れている。

由緒、謂《いわ》れ、来歴が、「支出の痛み」に麻酔をしているものがある。ラグジュアリーブランドについていえば、現在の、経営陣と職人とデザイナーの取り組みによる、純然たる品質のよさ、デザインのよさや流行の魅力に加え、過去のメゾンの歴史や神話的エピソードも大事な魅力の要素である。

眉唾物の話でもよければ、タイタニック号のエピソードもある。タイタニック号が沈没したのは１９１２年の４月である。英サウスハンプトン（映画などでは『サウサンプトン』と表記している）を出て、仏シェルブールに寄航し、米ニューヨークに至る航路であった。

一等の乗客はお金持ちで、当然、彼らはルイ・ヴィトンのトランクを船に積み込んでいた。沈没したあとに、遭難海域から引き上げられたルイ・ヴィトンのトランクは、驚くべきことに、少しも浸水していなかったという。深海まで沈んだトランクが浸水していなかったのか、浮いていたものが浸水していなかったのかわからないけれども、そもそも、本当か。もはや真実か否かはどうでもいい話であり、そういった逸話に介入する歴史を有するブランドであるということである。

タイタニック号の話は、「ルイ・ヴィトン製品の高品質ならば、さもありなん」という

連想とともにある、よいイメージであり、これをわざわざ取り締まったりせず、われ関せずのまま放置するのはある種のテクニックかもしれないが、これを〈よい噂はアドバンテージの法則〉というのは言い過ぎであろう。

ルイ・ヴィトンは、何にでも「Since 1854」の刻印を施して誇らしげに提示している。顧客とのコミュニケーションの話題として自社の歴史を提供し、顧客らに蘊蓄のもとをインプットしている。

ここらにも同様に「支出の痛み」の麻酔効果があるように思える。

ひとたび、趣味の品となりおおせたならば、たちまち「支出の痛み」に麻酔が効いてしまう。それで、ルイ・ヴィトンの財布が7万円で、中身の現金のほうがずっと少ないという状況に問題意識を持たなくなるのではないか。

ブランドの伝説を顧客にインプットし、趣味の品のような感覚にさせることで、「支出の痛み」に麻酔をかけるのも一種のプロモーション戦略といっていいのではないか。

平易な言い方にすると、「よいものには出費を惜しまない」のだが、よいものだと思わせることに関して、伝説は重要な役割を果たすといえよう。日本の工業製品の多くは品質のよい「よいもの」ではあるが、価格的に高くは売れないのもこのあたりが大きいであろう。

## PROMOTION 5 ▽ 行列を作ってもらう法則

ルイ・ヴィトンのブティックは、「お客様にゆったりと買い物を楽しんでいただくために、店の中が混雑してはいけないので入店制限をさせていただきます」として、入店制限を行う場合がある。

ルイ・ヴィトンの店は内部で階段があり、段差があり、混雑して人に押されれば転《こ》けて怪我をするかもしれない。そしてバーゲンセールのような大混雑の中で、何十万円もする高級アイテムをさばくような対応をするべきではない。しからば、ご迷惑をおかけしますが、お待ちくださいとなるわけである。

さて、納得して、順番が来るまでどこで待つのかというと、暑かろうが寒かろうが、店の前で列を作って待てといわれる。「やれやれ、なんと私は素直なんだろう」と感心しながらいわれたとおりにするのだ。

列を作って待つのは日本人の習い性と思っていたが、2006年10月にパリ・シャンゼリゼ本店に行ったところ、やはり行列ができていて驚いた。並んでいる人の顔つきや言葉からするとアジア系とヒスパニック系がほとんどだったように思われる。店の前に

行列を作らせるのは商店にとっての名誉でもある。美味しい店、安い店、人気のある店、流行の店、有名な店、店員が美男美女の店、いいものが売っている店。「行列ができる店」というのは、非常にポジティブなイメージを訴求できるのだ。

ここでも、ルイ・ヴィトンはしたたかな戦略を持って行列を作ってもらっている。行列は作られるべくして作られているのだ。

店の前に行列ができたこと自体が、効果的な宣伝効果になる。店の前を通る人は野次馬根性で何に並んでいるのか知りたがる。そしてそのさまは後日のワイドショーやニュース、雑誌媒体に掲載され、マスに向けた宣伝へと昇華するのだ。

かくして、「ルイ・ヴィトン表参道ビル」では、ホワイトデー商戦や土日の午後にはいまだに行列ができている。「お客様にゆったり買い物を楽しんでいただくため」という理由で入場制限が行われている中、待ち続ける人はあとを絶たない。パチンコ店で開店前に行列している人はかならずパチンコをするし、人気のラーメン店で行列している人は順番がくればかならずラーメンを食べるが、買うとは限らないウインドウ・ショッピングだけの人や話題のビルを見るだけの人も「店に入らせていただく」ために怒りもせずに行儀よく行列している。この光景を、情けないと見るか、忠実さに感心するか。ルイ・ヴィトンからすれば、ありがたいと見るか、してやったりと見るか。

また、行列は結果として客を選別する装置になっている。入店を待ってもらえる客は、きっと温和な人柄の常識人たるルイ・ヴィトンファンであろう。そういう客であれば、手間とコストをかけた応対をする価値がある。よい客によい環境を提供するために、よくない客に「お断りします」と高圧的に排除をせずとも上品に排除しているといえよう。

## PROMOTION 6 ▽ ド派手パーティーの法則

ルイ・ヴィトンのプロモーション戦略の一つとして、計算されたタイミングでのド派手なパーティーがある。みなさんもテレビのワイドショーや雑誌で、その豪華さにため息をついたことがあるだろう。

ルイ・ヴィトンのプロモーション戦略は、巨大なコングロマリットであるＬＶＭＨの巨大な資本を背景に積極果敢な大規模プロモーションを実施している。特にプレタポルテ参入後のモード化戦略にともなった派手な露出販促戦略は、如実に売上に直結している。

新店舗オープンにともなうリッチでセレブ感漂うパーティー、それに集うセレブ芸能人たち、限定品目的の長蛇の列、それらに集結する野次馬は、すべてテレビのワイドシ

ヨーやニュース、ファッション雑誌を通してルイ・ヴィトンの宣伝部隊に転換する仕組みだ。

予算が少ないからといって小ぢんまりしたパーティーで済ませ、マスコミに取り上げられないのでは意味がない。ド派手にやるから派手さ自体と数多くの著名人が話題になり、マスコミがどんどん取り上げる。そうすればペイするどころか、同じ費用で直接広告するよりもはるかに上回る広告効果が得られるのである。

すべては、ブランドがアイデンティティを持ち、それと一貫した戦略を目指した結果である。どのようなプロモーション戦略がブランド・アイデンティティを引き立てるのか、ルイ・ヴィトンのド派手なパーティーの裏には、ただパーティーを楽しむわけでなく、緻密な計算が隠れているのだ。

「エキゾチック」をテーマに、壁一面にヴィトンのロゴ模様がライトアップされた明治神宮外苑の聖徳記念絵画館に入ると、砂丘とラクダの部屋が登場した。トルコや中国、タイ、インドネシアをイメージした各部屋では、アラビアンナイトのように華麗なパフォーマンスやサービスが振舞われ、異国ムードいっぱいのパーティー招待客は1000人を超える規模であった。

表参道店のオープン時の「スパイスの道」をテーマにしたこのパーティーは、ビジネ

ス、ファッションからワイドショーまで、さまざまな媒体にニュースとして取り上げられた。出演したラクダもご苦労だった。

ルイ・ヴィトンのお客さんの（媒体の視聴者）側からすると、テレビの全チャンネル、雑誌、ネットニュース、何を見てもルイ・ヴィトンのパーティーのことだった。こういう絨毯爆撃規模で報道されるのは、男子の親王様のご誕生のときなどの皇族関連のニュースぐらいのはずである。不祥事や倒産はさておき、一企業が広告でメディアを占拠するのは難しい。マリオネットならぬマスコミを踊らせた、ルイ・ヴィトンの目論見は大成功だっただろう。

ちなみに、店舗のオープンの際のパーティーは、規模は大小あるようだが、ビールのノベルティが配られたという札幌店、秦社長（当時）のスピーチがあった高知店を見れば、ノベルティが配られる程度のパーティーや記者発表はほぼ確実に行われているようだ。やや大規模なものだと松屋銀座店（テーマは、「２００1年宇宙の旅」）と六本木ヒルズ店（テーマは、「タイムトラベル60年代へ」）がある。

なお、表参道店のパーティーは渋谷のＳＵＮデザイン研究所の企画だった。

# PROMOTION 7 ▽ 品薄のエクスキューズの法則

ルイ・ヴィトンは飢餓感を煽っている、とよくいわれる。

ルイ・ヴィトン非公式の飢餓感の演出の例としてはこのようなものがある。

いつもの白縁取りの広告は世界共通の広告で、綺麗な写真でメゾンのイメージを訴求しているのであって、商品広告ではない。

広告を見るのは、自社の製品をまだ買っていない人だけとは限らない。すでにルイ・ヴィトン鞄を買って持っているお客さんも広告を見る。白縁取りの広告は、まだ買っていない人へのアナウンスとしての商品広告ではない。日本語で「やあ、お元気？　今度さあ、やっと時計出したよ」ぐらい、フランス語でいう「Salut !（やぁ！）」ぐらいのものので、「わが社が新製品を出しました。どうぞ買ってください！」のようなセリング（売り込み）はしない。

ルイ・ヴィトンが何かを売りたいときは、パブリシティを動員するので、普段の白縁取りの広告はただの挨拶だ。

ルイ・ヴィトンの靴と時計は、店舗の規模によって扱っている店と扱ってない店があ

る。

すべての販売店ですべての商品を売れる体制を整えて、ストックもたくさん用意してから、商品広告を出すものだと考えるのは常識だけれど、あくまで、白縁取りの広告はただの挨拶だ。

時計を出してからしばらくの間、白縁取りの広告は時計の写真になっていた。いわゆる商品広告の常識に慣れた人は時計の広告を見て、全店で時計を売っていると思って買いに出かけるのだが「時計の広告を見て店に行っても、時計を扱っていなかった！」となる。

商品広告の常識の隙間から飢餓感が湧いて出てくる。

しかし、ルイ・ヴィトンとしては、別にお客さんの飢餓感を煽るような下品なセリングをしていない。ただ単に「やあ、お元気？　今度さあ、やっと時計出したよ」という近況報告の挨拶をしただけなのだ。挨拶に対して、「え？　いつから売るの？　もうお店に行ったら売ってるのね？」とお客さんが勝手に思い込んでいるのだ。

こういう飢餓感は、お客さんのセルフサービスなので、非公式の飢餓感演出といえるだろうか？　とにかく、ルイ・ヴィトンはセリングになるようなことはしない。

なお、靴と時計を扱う店舗は、ホームページに掲載されている。念のため。

品物の数が足りないということで、「飢餓感を煽っている」といわれる場合もある。「何で店に品物がないんだ！」「この色じゃなくあの色が欲しいのに！」と、きわめて常識的なことで怒るお客さんに、ルイ・ヴィトンの店員さんが「量産できませんので」といって、懇切丁寧に事情を説明する。そういう光景は日本中どこでもある。この「量産できない」というのは、エクスキューズでもある反面、優れたPRにもなっているし、結果として飢餓感を煽っていることになる。

しかし、第5章〈機械化禁止の法則〉（p198）で述べるとおり、お客さんは手作業でできているルイ・ヴィトン製品を期待しているので、急な増産はできない。いま使っているポプラの木材は5〜8年前に乾燥を始めたものだ。

さて、世界のルイ・ヴィトン製品の4割が日本で売れていて、それでも足りないという状況だが、これ以上日本に品物を回すとほかの国と地域の店に回す分をよりいっそう圧迫して、いよいよわけがわからなくなる。日本の人気が異常なのであって、ほかの国と地域との兼ね合いもあるのだ、勘弁してあげてほしい。1500億円以上を売っているのだから、商品の回転スピードもすでに超高速のはずで、これ以上速くできるのかも難しいだろう。秦元社長はSCM（サプライ・チェーン・マネジメント）を構築し、よりよい商品の供給を行うとしていたので、アニエールで作ってから日本の店に並ぶまで

の時間や他店にある在庫の取り寄せなどは飛躍的に早くなったと思われる。

品薄になるのは、生産量が限られているからだ。生産量が限られているのは、たとえばトランクなら、ポプラの木材が限られているから。ポプラの木材の生産スピードは、ポプラの生育と乾燥の時間で決まる。というわけで、ポプラ材を使わない製品や、牛革を使わない製品を出して品薄をカバーすることは思いつくのだが。これをやるとメゾンの主義に違反するし、セレクティブ・マーケティングではなくなる。

## PROMOTION 8 ▽ 忠誠を誓う対象の法則

Rで始まるロイヤルティー（royalty）は特許権、商標権、著作権などの使用料をいい、平易な言葉でいうと、パテント料や暖簾使用料などのことだ。

ここでいうのはLで始まるロイヤリティー（loyalty）で、忠誠のことだ。されど、日本語で忠誠という言葉には、もののふや侍というか、厳めしくて物々しい感じがあるので、「好いて寄りつく」ぐらいに読み替えてもよさそうだ。

忠誠には対象が必要だ。しかし、ブランド論の本を読むと、ブランドロイヤリティー（＝ブランドへ忠誠を誓う顧客）が大事であるという話は頻繁に出てくるのだが、忠誠

を誓わせる対象をどうデザインするかはあまり触れられていない。きっと、業種や企業ごとに千差万別だからであろう。

企業のどこに魅力を感じて、顧客が忠誠を誓うのかと考えると、雰囲気、ミッション（使命）、理念、創業者らの立志伝のような魅力もある。これは、物体をともなわない分、無制限に広がれる長所もあるが、不可視であり触れる物体をともなわないという弱点がある。

また、忠誠を誓わせる対象が『店員』だったら、美人ウェイトレスで客を呼ぶ喫茶店のように、辞められると困る。実に脆弱でリスキーなのだ。もちろん、ルイ・ヴィトンの店員は知的な美人ぞろいで、魅力的であることはいうまでもない。

しかし、ルイ・ヴィトンの主役は製品自体なのであり、製品に忠誠を誓わせるように仕向けている。

ルイ・ヴィトンの広告の写真や文章は、製品を主役にしている。「トランクが堅牢であること」「ヴェルニやモノグラム・ミニのバッグが可愛いこと」「ビジネス用の鞄がいかに機能的なのか」「鞄の修理はどこへ依頼すればよいのか」。製品以外の話は出てこない。

映画の封切り前の宣伝で、「驚愕の映像美」などと謳っている作品はよくない。ヴィ

ジュアル以外に見るべきものがなくて、演技もストーリーも駄目と白状しているようなものだ。謳い文句によれば、ルイ・ヴィトンの見どころは「製品のよさ」だということだ。

ホームページや各種出版物でオープンになっている、ルイ・ヴィトンの社史の表現も特徴的だ。「蓋が平らなトランクを作った」「ソフトバッグは、折りたたむと小さくなるサブのバッグとして好評だった」「トランクに装備を詰めて、自動車での大陸横断に挑戦した」。

このような文章の積み重ねで語られる社史は、ヴィトン家の面々の話ではなく、１５３年の間に製品が何をしてきたかを語っている。

ルイ・ヴィトンは、あくまでも製品のよさのみを主張する。「製品のよさ」がルイ・ヴィトンのコア・ベネフィット・プロポジション（core benefit proposition：中核となる便益を主張すること）であり、それに越したことはない。

最高級の国産自動車を造ったはずなのに、うやうやしい接客ばかりが話題になるような事例を見るにつけ、この当り前のことが当り前にできるのは難しい。

## PROMOTION 9 ▽ 広告自体がニュースになるくらいの広告しかしない法則

広告はお客さんに情報を知らしめるためにやる。

だから、できるだけ盛大にやったほうがいい。

テレビCMはやらない一方で、新聞では広告をやる。

ただ見ているだけのテレビとは違い、新聞はわざわざ文章を読まなきゃいけない。つまり、お客さん側が能動的に情報を受信してくれるのだ。うまくやれば、「リッチネス」も充分得られる。

名コピーということでも評判になった、「やがて。」「いつも。」「ずっと。」シリーズなどは、文章を駆使してルイ・ヴィトンのよさや歴史を紹介している。そのほかには、「ルイ・ヴィトンは、直ります。」「イニシャルひとつにも。」「堅牢な約束。」などがあった。

なぜか広告の題に「。」をつけることと、トランクの写真が載っているのが決まりだ。

モノクロ広告ではLVモノグラムの色がわからないことを嫌ってか、カラー広告で行う。関係者にヒアリングしたところでは、新聞の印刷技術が発達してカラー紙面がある程度の水準になって以降、積極的に出稿するようになったという。

そして、ゆったり、というかスカスカの広告で、価格も書いてなく、何の広告かわからないくらいである。家電量販店の広告が30～50の商品写真や価格を満載しているのと対照的である。

普通の雑誌で見かける、白い縁取りで素敵な写真の広告はパリ本社が製作している世界共通のもので、新聞などでの広告は日本独自のものだ。

白い縁取りの広告については、『広告批評』1999年3月号（通巻225号）が、そのクリエイターたちをレポートしている。この本も現在入手不能なので図書館を探すしかない。

かつて、パルファン・クリスチャン・ディオールは、DUNEの広告に、香水のお試し用の厚紙（セントストリップ）つきの広告を出した。1992年には女性誌4誌に、1994年には朝日新聞の別刷りに。

カラー印刷どころか、香水サンプルつきという大技だが、このような大掛かりな広告をすると、それ自体が話題になる。

広告の枠の確保は、LVMHがグループ各社の広告出稿量をまとめ、スケールメリットで安く買い付けるだけでなく、主要媒体社とのパートナーシップに優先順位を設定し、グループブランドのヴィジビリティーを最大化するセントラルバイイングを行っている。

ちなみに、ＬＶＭＨジャパンは１９８６年から10年間、広告代理店として日本最大の電通を使ってきたが、代理店選抜コンペの結果、ＡＤＫ／マインドシェアメディアセンターを２００７年度の代理店に決定した。

扱っていない商品のことを広告して、話題になったこともある。

１９７８年11月に起きた贋エルメスのネクタイ事件と同じ頃、「ルイ・ヴィトンのネクタイ」という贋物が日本で出回りそうになったことがあった。その頃のルイ・ヴィトンは、ネクタイは扱っていなかったので、この謎の商品の出現に対し、ルイ・ヴィトン ジャパンは、わざわざ、『ルイ・ヴィトンはネクタイをつくっておりません。』という広告を出して撃退した。

この贋ネクタイ事件が直接または間接的に影響したのかどうかはわからないが、ご承知のように現在はネクタイも扱っている。

近頃は、このような真っ赤な贋物は出てこないと見えて、撃退用広告も見かけない。

# 第5章

# BRAND（ブランド）に関する法則群

The Principles
*of*
LOUIS VUITTON

ルイ・ヴィトンの法則

ルイ・ヴィトンの戦略を、マーケティングの４Ｐ（製品・価格・流通・販促）ごとに体系的に分析し法則にまとめてきたが、マーケティングの４Ｐでは分類できない、あるいは収まりきらない法則について見てみる。これらは４Ｐに収まらない「その他」というよりも、単なる４Ｐを超えるルイ・ヴィトンのブランドとしての核心であるといえる。また、ルイ・ヴィトンの特徴を浮き彫りにするため、エルメスとの比較も行う。

# BRAND 1 ▽ トヨタ生産方式の法則

日本市場での成功に支えられて、ルイ・ヴィトン本社もさまざまな積極拡大策を取ってきた。革新的なデザイン・商品ラインの導入と、「トヨタ生産方式導入」と騒がれた生産の大改革である。

ルイ・ヴィトンの伝統的なデザインは、LVのイニシャルと花と星のモチーフの創作デザインで、これは現在に至るまで大切に守られている。だが一方でルイ・ヴィトンは1997年、米国人の若手デザイナー、マーク・ジェイコブスをアーティスティック・ディレクターに迎え、革新的デザイン・商品の導入に着手した。

主力のバッグについては、たとえば、ルイ・ヴィトンの伝統的デザインに白いペイントでグラフィティ（落書き）模様を施すなどの限定品を次々と発表。日本人アーティストの村上隆の協力で作った桜模様やパンダ柄のバッグなども人気を呼び、新しい顧客の開拓につながった。

また、マーク・ジェイコブスのデザインによる高級感あるカジュアル衣料や靴なども発売し、新作のバッグなどと組み合わせてのファッションショーも開催するようになっ

た。

商品の幅が広がれば、それに合わせた広い店舗が必要になる。表参道店や名古屋ミッドランドスクエア店にみられるような「グローバルストア」の展開が始まった。

伝統と革新をミックスさせたルイ・ヴィトンの考え方はこうだ。「人の持っているものは、みなが欲しがる。誰も持っていないものは、もっと欲しくなる」（秦郷次郎・元LVJ社長）。

新しいデザインの限定商品は、その希少性で消費者を惹きつける。そうした中で、伝統的なデザインを見直す人々も増える。ルイ・ヴィトンでは、そうした好循環を発生させるのに成功したといえよう。

こうした新デザイン・商品ラインの導入を支えたのが、生産部門の大改革である。

創業者の鞄職人、初代ルイ・ヴィトン以来の職人の手仕事は、「こだわりのものづくり」という魅力を生んだ。だが、それだけでは大規模な増産はできず、販売の機会損失が発生する。

1997年にマーク・ジェイコブスを迎えて以降、生産個数増に加え、新作・限定品が次々と出されることで品数も増え続け、生産現場の対応が難しくなった。そこでルイ・ヴィトンが導入したのが「リーン（贅肉のない）生産方式」である。「リーン生産

方式」とは、トヨタ自動車が編み出した「ムダを徹底的に省く」生産方式をもとに、米国で体系化されたシステムだ。

米『ウォールストリート・ジャーナル』紙（2006年10月9日付）によれば、ルイ・ヴィトンは2005年初頭、米コンサルティング会社大手のマッキンゼーに生産改革のためのコンサルティングを依頼。工房における生産過程の詳細な調査を経て、マッキンゼーが「リーン生産方式」の導入を提案。同年11月、ルイ・ヴィトンの人気商品から名づけられた新生産方式「ペガス」が各工房に導入された。

具体的には、一人の職人が複数の作業工程を担う多能工化や、小人数チーム化、生産ラインの開始地点と終了地点の位置を近づけ、工員の移動をスムーズにするU字型生産ラインへの変更など。これにより、改革前はほぼ12週間ごとにしかできなかった新作出荷が、倍の6週間ごとのペースでできるようになった。

生産改革と並行して、物流や店舗運営の改革も行われた。たとえば従来は、顧客の欲しい商品が店頭にない場合、接客中の店員が顧客を待たせ、在庫室に入って確認していたが、在庫室に専門の従業員を配置することで接客の効率を上げた。

LVMHのベルナール・アルノー社長兼CEOは、ルイ・ヴィトンにおけるこうした改革をグループの他ブランドにも広げ、LVMH全体のさらなる成長を目指すとしてい

る（長沢伸也「ルイ・ヴィトンが日本で新・拡大戦略を開始した」『週刊エコノミスト』２００７年３月13日号、毎日新聞社）。

## BRAND 2 ▽ 機械化禁止の法則

ルイ・ヴィトンの工程を見ていく。

まず、手に入れてきた牛革をじっくり検品する。仕入れ時に傷などの見落としがないかを見て、使えないのは捨てる。

聞いた噂で確証はないが、ルイ・ヴィトンは高級な牛革の買い付けにものすごく熱心らしい。工芸などに利用される牛革は、セリで売られるそうなのだが、ルイ・ヴィトンは上質なものをよい順にごっそり競り落とすのだそうだ。

モノグラムやダミエはエジプト綿の布に独自のコーティングをしたもので牛革ではないが、取っ手などは革だ。エピなどは牛革である。ＬＶＭＨには革製品のロエベもあるから、ロエベが使う分と併せて、セントラルバイイングをかけているのかもしれない。

トランクの骨組みは、東部フランスのマルヌ県産ポプラの木を使う。産地も限定されている。そして、ルイ・ヴィトンの工房を取材した本によると、ポプラの木材を５～８

年かけて自然乾燥させるらしい。時間も場所も、管理の手間もかかる。

天然乾燥した板を使って、あとは職人が手作業でこしらえる。したがって、ルイ・ヴィトンの製品は量産できない。仮に急に人気が高まっても、板や職人の手当てができないから、おいそれとは増産できないわけである。

要するに、ルイ・ヴィトンの工房では、5〜8年前に遡って、まず良質の木材を厳選することから工程が始まっているのである。

やはり、高コストのようにしか見えない。

手工業をやめないこと。原材料は品質がよいことが第一で、そのためにお金がかかることは厭わないこと。これはなぜだろうか。

工程を機械化できないのだろうか。熟練した職人の腕前が機械の精度を上回ることなんて、よくある話だが、トランク製造用の機械を作ろうと思えばできるだろう。

唯一、この製造方式を続ける理由となるのが、「顧客がルイ・ヴィトンに、職人が手作業で作ってほしいと期待しているから」である。

ただし、すべての企業が、手作業で作ると付加価値が出ると思って何でも手作業でモノを作るのは間違いだ。ただの独りよがりになる。重要なのは、顧客が手作業で作ってほしいと思っているかどうかだ。

## BRAND 3▽職人重視の法則

ルイ・ヴィトンは職人を大事にしている。いいモノを作るには、いい作り手が必要なのは当然の話である。ルイ・ヴィトンのような世界に知れわたる横綱ブランドに君臨したとき、いかにその作り手を所持し、品質を保持するのかは、きわめて重要な要素だ。

ルイ・ヴィトンは、元来職人が大事に育ててきたブランドであり、職人魂がブランドのDNAにしっかりと組み込まれたブランドである。だからこそ、顧客はその商品についた値段に対し、背景の職人を想像し、納得し、購入に至る。

「創業以来、鞄職人としてのクラフツマンシップの誇りにかけ、質の高い製品を作ることに心を砕いてきたルイ・ヴィトン」と秦元社長は語る。手作業にこだわることにより、生産に制限が設けられる。しかしそれが価値を生み、ルイ・ヴィトンは5代目パトリック・ルイ・ヴィトン率いるアトリエのマルティエ（トランク職人）たちのこだわりの賜物であるのだ。

5代目パトリック・ルイ・ヴィトンも、まずアニエールのアトリエで2年間修行して、ルイ・ヴィトンのすべてのバッグを一人で作り上げることができるようになったあと、

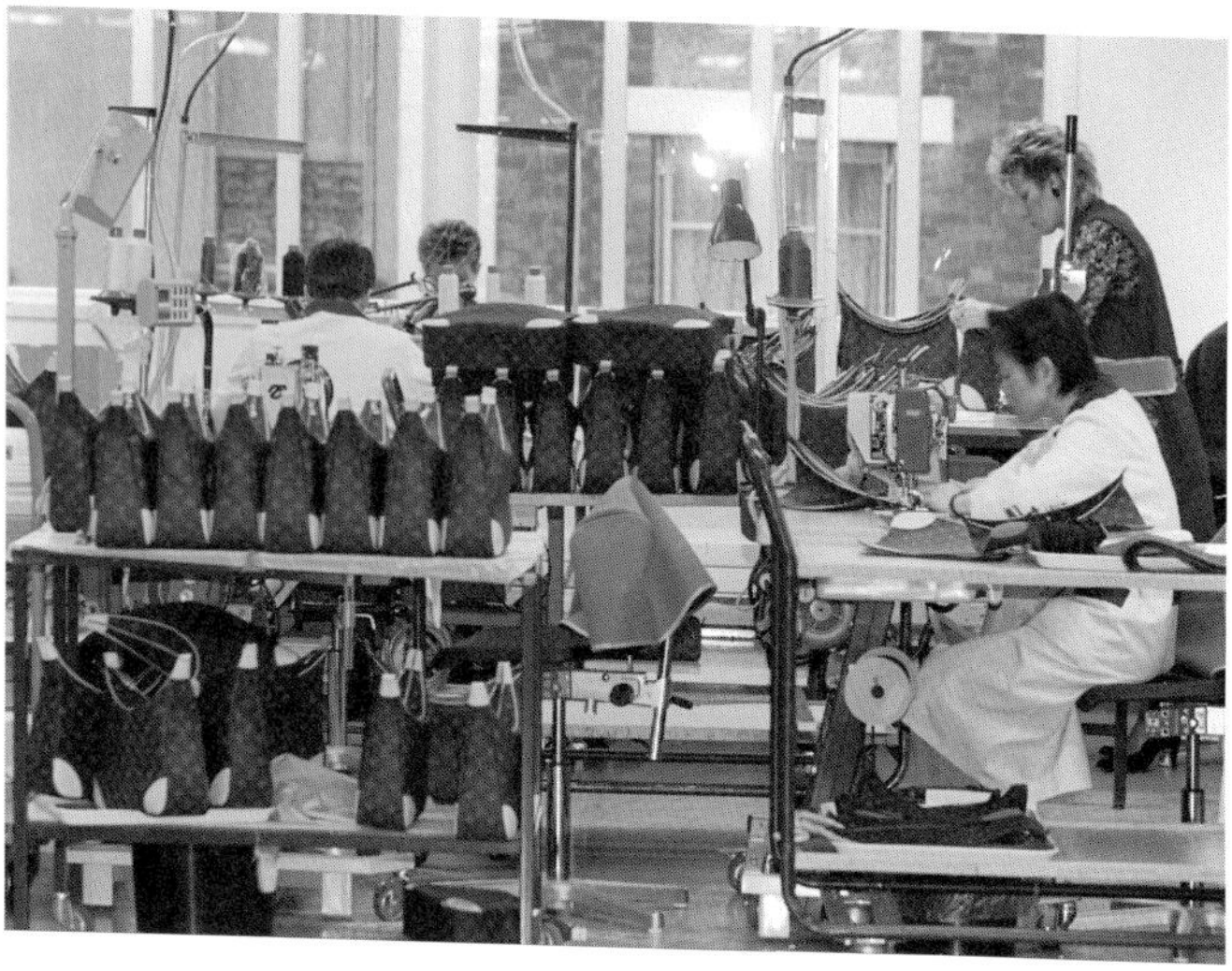

AFP＝時事

**ルイ・ヴィトンのアトリエ（工房）でバッグを作る職人**

パリ近郊アニエールAsnieresにあるアトリエは、ルイ・ヴィトンのメインの工房であり、職人を養成する学校も併設されている。ルイ・ヴィトン家5代目当主パトリック・ルイ・ヴィトンも、まずこのアトリエで2年間修行したあと、スペシャルオーダーを含む製造部門の責任者になっている。

製造部門の責任者になっている。

ウージェニー皇后の時代から続く伝統を引継ぐマルティエたちが作ってこそのルイ・ヴィトンである。ルイ・ヴィトンでも増産体制を作ろうとしているようだが、マルティエが育つには時間がかかり、あくまで認められたマルティエのレベルを下げての増産体制には傾かない。アニエール職人養成学校で職人に技術とクラフツマンシップを叩き込み、初めて職人として認知

されるのだ。

なお、エルメスでは、より職人志向の強さが見て取れる。ファミリー・ビジネスを継続する中、エルメス家のトップが商品開発・管理もチェックする気質を擁していることが、数字管理をチェックする経営者をトップに置くルイ・ヴィトンより職人気質の印象度を高めるのは当然のことであろう。ルイ・ヴィトン同様にアトリエに投資し、働きやすく創造力をかきたてられるような環境作りに余念がない。さらには職人たちやデザイナーたちに世界的な交流の場を設け、異文化とのマルチ化、技術の共存化といった活動が活発なのが、エルメスに職人志向を匂わせる要因であろう。日本とも縁深く、京都や輪島などの伝統工芸の工房における研修や地方の店舗や展覧会会場での実演等、積極果敢な姿勢が見て取れる（長沢伸也編著『老舗ブランド企業の経験価値創造──顧客との出会いのデザイン マネジメント』同友館、2006年 参照）。これらの姿勢にはエルメスのスカーフに秘められた世界各国の文化、物語への深い追求が背景にあるようだ。

とかく日本人は品質を重んじる。

日本で販売するようになってから、さらに品質が向上したと秦元社長はいう。それがよくわかる逸話が秦元社長の『私的ブランド論──ルイ・ヴィトンと出会って』に掲載

されている。「ファスナーが逆向きについていた」とか「縫い目が曲がっていた」とかという、これらの逸話は日本人の感覚だと信じられないかもしれない。しかし、いまでもインポートの商品を取り扱う店では、靴が日本に届いて、よく見てみるとヒールの長さが左右違うとか、バッグの接着部分がはみ出ている、オーダー時と色や素材が違うなどは日常茶飯事なのが実態だ。

この日本人の品質に対するこだわりは国民性であり、だからこそ1980年代のモノつくり大国日本が成立したのだろう。そして品質に安心できるブランドが好きであり、ルイ・ヴィトンが大事にするのはその点なのである。

## BRAND 4▽デザイナーと職人の両輪の法則

技術と技能の関係からデザイナーと職人の関係について述べる。

言葉の境界線がわかりにくいが、技術 technique というのは、「技術移転」ができるもの。文書化ができて、手順を踏めば、誰でも再現できるもの。もろもろの条件が揃えば特許を取れるもの。2代目ジョルジュの5枚羽根の鍵は特許を取った。技能 skill というのは、「特殊技能」のとおり、本人の個人的なコツや腕前で、誰にでもできるものでは

ないもの。特許はとれない。

重要な違いは、技術は累積可能で、技能はその本人だけのものだということだ。

ルイ・ヴィトン家と職人らが受け継いできたのは技術だ。作るための道具の仕様、設計図、手順を文書にできる。文書になれば、時代を超えて、初代ルイが作ったものと同じものをいまの職人たちが作ることが可能になる。また、文書を教科書に編集して、学校を作って職人の数を増やすこともできる。

マークやガリアーノが素敵なデザインをするのは、彼らの技能であって、彼らの脳が独自に持つ美的感覚や感性は文書にできない。メゾンを弟子に継がせる場合は、徒弟制度で弟子の感性を鍛えるしかない。しかし、クリスチャン・ディオールとイヴ・サンローランやピエール・カルダンは別の人間なので、師匠と完全に同じ感性を持つことはできない。だから、デザイナー交代は臓器移植のようになる。

ルイ・ヴィトン家とマーク・ジェイコブスが共闘関係にあることは別項で指摘している。彼らはともによい製品を生み出すが、その源泉としているものの質が、まったく違うのだ。

職人には、時代の先を行くデザイナーの感覚を持ちにくいし、デザイナーには、思い描いたものを製品にする技術を得がたい。メゾンにはこの両輪が必要である。

ＬＶＭＨが、知名度などはあまりなくてもよい技術を持っているロッシモーダを買うなどして技術を買い集め、ジョン・ガリアーノらの凄腕デザイナーにその技術を好きに使わせている。メゾンに何が必要なのか見えてくる。創造性を支える熟練の技術。職人の技術とデザイナーの技能は両輪なのである。

## BRAND 5 ▽ セレクティブ・マーケティングの法則

アメリカに起源を発するマーケティング戦略に対し、ルイ・ヴィトンはどのように考えているのだろう。

ＬＶＭＨは「セレクティブ・マーケティング」を唱えている。これは生産量が限られた高級品を売るのに特化したマーケティング手法であり、生産数の限られたものを、よりよく売るための手法である。

たとえば、シャンパンやワインは、原産地呼称制度があるために、畑を拡充できない。ルイ・ヴィトンのトランクの骨組みには、東部フランスのマルヌ県産ポプラの木を５〜８年乾燥させて使い、牛革は最高級のものを吟味して使う。このような生産に限界があるものをいかに売るかといった戦略である。

まず第一が、ブランドの付加価値を上げることである。安価で販売することに意味はない。そのためにはシナジー（synergy：共同作用。相乗作用。経営戦略で、販売・操業・投資管理などの機能を重層的に活用し利益を生み出す効果のこと）効果を生む経営を目指さなければならない。

市場で独自のブランド・ポジションを占めるお互いに顧客を奪い合わないポジションのブランド同士のコングロマリットである。ルイ・ヴィトンのバッグと連動するプレタポルテの展開、ロエベの革のプレタ、ジョン・ガリアーノによる若いクリスチャン ディオールなどが典型である。

第二は、高級品を求める人のところへ届ける「セレクティブ・ディストリビューション（ディストリビューションは流通・PLACE。つまりは都市の人口（商圏）から考えて店を何件配置して、その店にアイテムをいくつ並べて売ればいいかという操作をすること）」である。

これは、商社や問屋を通さずに自前で流通をコントロールし、販売する店舗までをみずからのブランドに適するのか、そぐわないのかを吟味する作業のことだ。この作業の一部を担っているのがLVMHの販売部門である。

ヨーロッパでは「セレクティブ・ディストリビューション」というコンセプトが法律

で認められている。また日本でも、法的な商圏とは別にこの作業が行われている。プレタポルテが名前こそ既製服とはいえ、ブティック1店舗に同じアイテムが1着、多くても2着入荷するくらいで、街角で自分と同じブランドの同じプレタポルテを着た人間とばったり遭遇するなどということは、まずないはずだ。それは、扱うブティックを、主要都市、人口100万人につき1店舗といった割合で配置しているからである。こうした配慮が高級ブランドの価値を支えているのである。

このルイ・ヴィトンのマーケティング戦略に対し、エルメスはどうであろう。エルメスは徹底してマーケティングを否定した姿勢を貫いている。5代目デュマはエルメスの職人技術に基づいた「品質」を強調し、マーケティング、そしてブランドさえも存在自体を否定していたという。

エルメスにはマーケティング部が存在しない。エルメスにおけるビジネスの核は、①職人の技術、②職人と客の関係、にあるという。

「職人の技術」とは何を表しているのか。つまりは発想の原点は「職人が何をできるか」であるという。ここで誤解してはならないのは市場を顧みないプロダクト・アウト型戦略といっているのではなく、あくまで顧客との接点を持ちながら、その中で職人の技術で可能なモノつくりを実現していくということである。市場やターゲット先行のモ

ノつくりであり、ニーズに対応できる職人を後発的に探すというプロセスは取らないといっている。

では「職人と客の関係」とはどのような関係なのであろうか。これには背後にある歴史的継続性とアメリカ的マーケティング手法に対する遺憾の念が内包される。

元来、エルメスと客とはどのような関係であったのか。1879年に移転したフォーブル・サントノレは、現代でこそ高級ブティック街であるが、当時は上流貴族の居住地であった。つまりは顧客のいる場所への出店という小売の原点ともいえる立地戦略であった。上流貴族の居住地に店を構えることにより、当然顧客との接点、コミュニケーションは密なものとなる。当時の貴族は資産とモノに対するこだわりをもっとも保持した層といえ、いわゆる当時のオピニオンリーダーであった。そのオピニオンリーダーが世相にアンテナを張り巡らせ、時代の変化、トレンドを敏感に肌でキャッチし、身近な職人とコミュニケーションを取る。職人は自己の技術内での対応をしながらモノつくりをする。すると職人の作り出したモノは時代とオピニオンリーダーに適合した商品として認知度を増していくのだ。この関係が、エルメスのいう「職人と客の関係」である。このような関係は日本にも「職人と大名」等存在しており、想像に易い。

戦後の大量生産、大量消費に代表されるマーケティング手法により、モノつくりが抽

象化してしまった現代においてもいかに顧客と触れ合いを持つかを重要施策と捉えている。たとえばコンサート、ファッションショー、テーマ発表会等を通じた顧客との接点の創出を実践している。さらにはエルメス銀座旗艦店の5階は職人のアトリエになっており、4階のスペシャルオーダー受注場と裏階段でつながっているという。

このようにマーケティング一つを取っても、ルイ・ヴィトンとエルメスにおいてここまで考え方が異なるのは興味深いことである。大きくは資本と独立系メゾンの戦略の相違が見て取れるだろう。

そして結果としてエルメスの実績も十分大きいが、それ以上なのは、現状ルイ・ヴィトンのようだ。さらにルイ・ヴィトンの得意なマーケティング戦略のお株を奪う勢いで急成長しているのが、マーケティング生誕の国アメリカ生まれのコーチである。アクセシブル（手の届く）ラグジュアリーといわれるように、研究し尽くされた価格設定と話題をかっさらうプロモーション戦略により、急成長を遂げている。

それぞれのブランドが自ブランドの強みを出し切り戦略化に余念がない。ルイ・ヴィトンにとってセレクティブ・マーケティングは最適な戦略なのである。

## BRAND 6 ▽ 所有と経営を分ける法則

●ルイ・ヴィトン（分ける派）

ルイ・ヴィトンはファミリー・ビジネスから始まっている。創業以来、職人的なファミリー・ビジネスの伝統を守ってきたのは、ルイ・ヴィトン家である。

ルイ・ヴィトンは創業当時から、上流階級を中心に顧客の支持を集め、手堅いファミリー・ビジネスを展開したが、1970年代になると日本人の海外旅行が盛んになり、パリのルイ・ヴィトン本店に並ぶ日本人観光客に対応できなくなる。この状況を受け、当時の当主である4代目アンリをはじめとする経営陣は外部のコンサルティング会社に相談する。そのコンサルティングの結果が、「専門家による経営組織の確立」を求めるものであった。お客が増えすぎて、すでにヴィトン家によるファミリー・ビジネスでは賄い切れない規模になっていたのである。

これを受けて、4代目当主アンリは、所有と経営（この場合は職人と経営者ともいえる）の分離を行うことにした。1977年ルイ・ヴィトン・マルティエSAを設立し、4代目アンリは会長に退き、専門経営者を外部から招聘することになったのである。そ

の後世界への船出、および製品の拡充となるわけだ。専門経営者とオーナー兼職人としてのヴィトン家を分離した結果、世界進出し、さらには複数分野が協調するポートフォリオ・マネジメントの実現に至っている。

生産量の拡大に関して、ルイ・ヴィトンのような職人による工芸品を扱うお店では、「職人・技術者を増やす」という明白な解がある。そして、そのために必要な「弟子に技術を仕込むノウハウ」もあるだろう。一級の職人を育成するのは、容易ではあるまいが、解決できる事柄である。

それに対し、お店の外側の問題を解決するのは、困難を極める。

顧客の数を多くしていこうとするならば、マーケティングのやり直しが必要になってくるかもしれない。ファミリー・ビジネスの経営者兼職人に、「毎日の生産の仕事に加えて、マーケティングを考える仕事もやれ」と求めるのは過酷ではあるまいか。マーケティングの仕事に専従する参謀役の必要性を感じる。

要件がさらに過酷になるのは、販路の拡大、決済、ロジスティクスについてである。どのように過酷であるかというと、ファミリー・ビジネスの経営者兼職人は、この三局面に関しては徒手空拳だからである。

販路の拡大については、商業用地を扱う不動産業者、バイヤー、百貨店などの責任者

に顔が利けばよいのだが、幸運にも知り合いなどがいる場合を除き、それができない。

決済についても、国外に進出する場合は通貨や手形や税や会計基準まで、すべてが本国と違う取引を行わなければならなくなるが、詳しい知識がない。

ロジスティクスも、地球の裏側へ、時間のミスなく、安全に、なるたけの低コストで納品するべきであるが、そのノウハウがない。

これらの負担を分散し、職務への集中化を図るために、ルイ・ヴィトンは所有と経営を分けるという決断をし、現在の繁栄に至るわけだ。

●エルメス（分けない派）

このルイ・ヴィトンに対し、対極にある代表例はエルメスであろうか。

エルメスはファミリー・ビジネスを継続し、さらにはブランドではないと宣言する。

「エルメスはブランドではない」とはいかなることか？　と、ここでブランドの定義から始まる広義のブランド論議をしても意味がないことである。この一言が表現しているのは企業としての考え方であり、戦略思想の根本精神の話である。

ではなぜエルメスはブランドでないと宣言したいのか。「ブランド」を起点とするブランド・ビジネスというと、ブランドをどうやってビジネスにつなげるかという思考、発

想の流れになる。一方エルメスはファミリーが家業として継続してきたビジネスであり、いわゆるファミリー・ビジネスである。170年の歴史を持つエルメスが一番のプライオリティを持って考えるのは、先代から引継がれた技術、モノつくりを守り、次世代につなぐことであるという。それは代々受け継がれてきた根本精神であり、つまりは次世代が存続しさえすればという限界点を保持することにほかならないのだ。「売上と利益を闇雲に追求するのではなく、モノつくりのクオリティと次世代の存続を根本とするファミリー・ビジネスは、ブランド・ビジネスとは遠いところにある」というロジックのもとに「エルメスはブランドではない」思想が存在するのだ。

## ●まとめ（考察）

実力を兼ね備えた腕のいい職人がコツコツと質のよい製品を生産し、大規模な事業拡大よりも生産能力範囲内でのファミリー・ビジネスを持続することでブランドを守っていく。このような従来型のブランド・ビジネスに対し、巨大な資本力を武器に傘下ブランドを増やし、シナジー効果を発揮させるブランド・コングロマリットを持って世界的に事業を展開するブランド・ビジネス。この戦略を異にする両者を実際のブランドに置き替えると、前者がエルメス、後者がルイ・ヴィトンを核とするLVMHとなることに

なろうか。とはいえ、エルメスも売上、収益を実際に拡大している巨大資本である。

いまの時代、ファッションブランドが単独で生きるためには、巨大な資本力や有能な人材などある程度の必要条件がなければ困難である。しかし消費者の中には、またはファッション業界に生きる人の中には、やはりファミリー・ビジネスを貫くブランドや、身の回りの顧客を大切にする小さな商いをよしとするブランド、資本や規模が小さくてもその才能ゆえに応援したいブランド、新興のブランドや日本発のブランドなどに頑張ってほしいという願望がある。巨大ブランドと並列してそれら多種多様なブランドが混在するマーケットが存在し、その中から自己の好きなブランドを発掘する理想社会を、ジャーナリストの三田村蕗子は著書の『ブランドビジネス』（平凡社、２００４年）の中で、ノスタルジックな願望と表現していた。それは行き過ぎた資本主義に対する反発心であり、人間の本質論でもあるような気がする。このようなノスタルジックな願望に対する理解度がブランド・ビジネスの抱えるテーマのように思える。

そして両ブランドがこのようなブランドとしての強みとなる共通性と強力な歴史と伝統を背景とするブランド・アイデンティティを持ちながらも、互いに異質性を放つブランドになった契機として、資本主義を背景とした経営戦略が必要になった時代の到来が挙げられるだろう。マネー至上主義、マネー資本主義のグローバル化が加速する時代の

大海原を泳ぐために、老舗ブランドに求められた変化をいち早く察知し、「伝統と革新」のバランス感覚を保持する人材が両ブランドを支えてきたのだ。この能力は不可欠なもので、時代との適合性はファッションブランド、小売業には常に求められ、とどまることは許されないのである。

片や圧倒的売上規模で君臨し、さらには50以上もの傘下ブランドを保持する巨大コングロマリット戦略で派手なアプローチを邁進するLVMHのルイ・ヴィトンは、ブランド一の総売上を稼ぎ出し、片やファミリー・ビジネスと「規模より質」にこだわる職人気質感漂うエルメスは、総売上こそルイ・ヴィトンの約4割弱だが100万以上の単価を売り切る高いグレードを生み出している。それぞれ成功モデルといえよう。当然資本主義のもと、利益を出すためにラグジュアリーブランドが推し進めている戦略には、主要都市での巨大旗艦店によるイメージ戦略、若手有望デザイナー起用による高発信性戦略、マス・メディアを利用した二次的広告戦略、限定品戦略など共通するものも多いが、それぞれのブランド・アイデンティティにのっとった、首尾一貫した戦略を推し進めているわけである。

## BRAND 7 ▽「傘の効果」と「梃子の効果」の法則

ファッションとして、毎シーズンに新商品が登場するのは当然のことであるが、ブランド論の語彙でこのことを表現しようとすれば、「傘の効果」と「梃子《てこ》の効果」に関連して語ることができよう。

傘（アンブレラ）の効果とは、たとえば、トヨタのカローラから新型車が出る予定だとする。顧客らは新型車の詳細がまだわからないうちから「トヨタのカローラなんだから、そうそう悪い車ではあるまい」と、いままでのトヨタブランドへの信頼を根拠にして予断する。トヨタブランドの親の部分が、子ブランドである商品への好感の下支えになっている。このことを傘による保護になぞらえて傘の効果という。

梃子の効果とは、これも例を挙げていうと、ホンダがＡＳＩＭＯ君や小型ジェット機を作ったことについて、「さすがにホンダは革新的だ」ということで、商品が企業のブランドの好感を押し上げる梃子のように働くということである。

ルイ・ヴィトンは、コレクションのつど、著名デザイナーとコラボレーションした新シリーズのバッグ等を登場させるようにしている。これを「傘の効果」と「梃子の効

果」で考えると、以下のようなものになろう。

村上隆ら、少なくとも鞄を作るのが専門ではないデザイナーと組んでも、ルイ・ヴィトンの実力だとしっかりした鞄ができるという傘の効果があり、ルイ・ヴィトンは153年の老舗であるけれども、ただ古いというわけではなく、また、古いということを誇らしげに語る頑固爺でもない。現在は役に立たない古さを排除し、いまが旬のデザイナーと組んで仕事をしているという、コンテンポラリー性を主張する梃子の効果がある。コレクションの話題性を強化して、新商品登場のインパクトを強化しているのは梃子の効果であろう。傘の効果よりも梃子の効果のほうが明朗で目立つのだが、傘の効果も無視できない。

コラボレーションをする相手は、マーク・ジェイコブスが連れてきている。グラフィティラインのスティーブン・スプラウスは、グランジファッション同士としてマークの友人だったそうだが、まもなく若くして死亡している。村上隆についてはマークが村上アートのファンなのだそうで、あこがれの村上隆のアトリエを訪ねた際にはたくさん写真を撮ったそうだ。

マークが、いまが旬のデザイナーは誰であり、ルイ・ヴィトンと組ませると面白いだろうと判断しているのだが、彼は、その優れた感性で、「傘の効果」と「梃子の効果」を

考慮しているに違いない。村上隆とコラボレーションした際のマークのコメントは以下のとおりである。

「素晴らしいアーティストの村上隆氏を招き、私たちとのコラボレーションが実現されました。私たちは、伝統を守り続けているモノトーンのモノグラムについて、再度見直しました。そしていま、白地と黒地のキャンバスに33色もの色が散りばめられた斬新なデザインが生まれたのです。優れた現代ポップアーティスト、村上氏とのコラボレーションは、とても衝撃的で、なおかつ自由な精神にあふれる作業でした。

村上氏はすばらしい人生観を持った人物で、彼のポップな感性や自由な色使いはとても魅力的です。また、一見楽しそうに見える彼のデザインですが、その遊び心の中に隠されたダークな部分にも惹かれています。

33色のモノグラム。これまでのモノグラムはモノトーンだったことを考えると、これは実に衝撃的なことです」（ルイ・ヴィトン　ホームページ「マーク・ジェイコブスが語る村上隆とのコラボレーション」より）

## BRAND 8 ▽ 個人志向を叶える法則

ルイ・ヴィトンはスペシャルオーダーに応じることで、ルイ・ヴィトンを愛する顧客に対し個別の特別商品を提供し続けている。その人しか持っていないルイ・ヴィトン。これだけルイ・ヴィトンを持っている日本人が多い中で、どれだけの優越感や満足感を与えることだろう。

みなが持っているものを持ちたい、誰も持っていないものはもっと持ちたい。誰も持っていない自分だけのアイテムに対する欲求は高まるばかりである。誰もが個性を表現したいと余念がない。そのニーズに対応した商品が市場にも参入している。

ファッション業界でも同様に、パーソナル志向を背景にしたモノつくりにビッグブランドが対応する傾向が見られる。オートクチュールにも負けないような手の込んだ刺繍や縫製、厳選素材や手作業工程を駆使した洋服を、プレタポルテのショーでモデルが颯爽と着こなす。１００万、２００万円も珍しくない商品である。はじめは欧米だけの販売であったものが、徐々に日本のショップでも購入できるケースが増えているという。

元来、プレタポルテのショーで紹介されたアイテムが、すべて商品化されるわけでは

ない。意外と商品化されないものが多いのである。

理由はいろいろあるだろうが、最初からショーでのアイデンティティやインパクトを強化するためのアイテムであったり、ショー後の展示会でオーダーが入らず生産中止にしたり、素材や部材調達が不可能になり生産中止にしたりと、日の目を見ないアイテムは意外と多いのである。

雑誌を見ていて、値段はいくらかと表示を探すと参考商品と記載されているのは、そういった背景のある商品である。さらには店に問い合わせると、欧米では販売しているが、日本への入荷はないといわれた方も多いのではないか。日本では難しいと判断されたアイテムは日本市場に入ってこないからだ。

そのような背景の中、パーソナル志向に対応し始めたブランドは好評である。

シャネルはクチュール工房で生産した高価格帯の商品をプレタポルテとして販売し、ドルチェ&ガッバーナはハンドメードの世界一点ものドレスを、注文した顧客の体に合わせて採寸し仕上げるという。グッチはオーダーシステムにより、スタイル、素材選択式のイニシャル入りバッグを購入でき、ルイ・ヴィトンはスペシャルオーダーがある。

オーダーメイドは昔からあるが、自分用というパーソナル志向の価値とブランドの価値が重なり合ったときのシナジーは、現在の顧客にさらなるパーソナルアイテムの満足

を与えている。よりブランドを愛するようだ。

また、別の見方をすると、パーソナルアイテムはデザイナーと自分がつながったような気分にさせる。一方通行のようであった思いが、相思相愛になった気を起こさせる。パーソナル志向を促進しているインフラとしては、インターネットが多大な影響力を持つ。

現代ではインターネットでコレクションの次の日には全ルックスを見ることができる。お気に入りのブランドのショーをスライドさせて、擬似ファッションショーを体験することができるのだ。

ＩＴの躍進以前は、顧客はファッション雑誌の発売を待つしかなかった。ショー開催後、２カ月前後待たされることになるうえ、ページの問題上すべてのルックスが見られるわけではない。少ない情報を胸に半年後の店での売り出しを待ちわびるのだ。

しかし、ＩＴで簡単にコレクションをチェックできるようになり、顧客の中には早々にルックスナンバーをチェックし「この商品は入荷されるの？」と問い合わせてくるようになる。実際まだ販売員さえ入荷内容を知らされてない時期にまでその問い合わせ時期は早期化する一途を辿っている。

ここまで率先して問い合わせ、日本入荷一点物などを手に入れたとき、顧客の喜びは

ひとしおであろう。情報が身近になった分、パーソナルアイテムに対する熱意も上がったといえるだろう。

## BRAND 9 ▽ 双方向関係構築の法則

ブランドの顧客サービスはブランドに対するロイヤリティーを向上させる。

CRM（Customer Relationship Management：お客様と企業との関係を強化するための仕組みのこと）の発想は、半年感覚で新商品が発表されるファッション業界こそ、率先した戦略を構築しなければならないはずだ。ブランドと双方向でかかわり合いたいという顧客が抱く当然な心理に対し、エモーショナルな戦略を駆使し、ブランド愛顧顧客と共存共栄を図るブランドの例を見てみたい。

現在では数々の業界、企業で実施されているが、ファッション業界でもIT活用による顧客戦略が実施されている。ファッションと化粧品を販売するシャネルではiモードの情報サービスで、ブランド物語や製品情報をメールで配信している。当然、一律の配信ではなく、ストーリー性のある内容を入会した時期に合わせて、個別に順番を入れ替えながら配信を行っている。ブランドとのかかわり合いにパーソナリティを加えた関係

構築である。これを見た顧客は、シャネルが自分を認識しているような感覚を受け、シャネルからのメールに喜びを隠せないという。

そのほか、ブランドやセレクトショップ、百貨店等、ファッション販売に携わる小売店は、それぞれの視点での顧客を設定し、名前と顔の一致する顔の見える顧客をセレブのようにカスタマイズされたサービスでおもてなしをする仕掛けを実施している。

読者の方はコンシェルジュを利用したことがあるだろうか。コンシェルジュとはフランス語で〝案内人〟の意味であり、ホテルでは『お客様のどんな要望にもお答えする満足提供サービス係』としておなじみである。そのコンシェルジュがいま百貨店でも縁の下の力持ちとして活躍している。そしてルイ・ヴィトン表参道店もコンシェルジュのサービスを始めている。

おもてなしによるカスタマイズされたサービスは外資系ラグジュアリーブランドのみでなく、国産ブランドでも同様である。たとえばコムサ デ モード、コムサ コムサ コムサ、モノコムサ等のコムサブランドを筆頭に、イーストボーイ、フランドル等を抱えるファイブフォックスは、アルチザンの旗艦店を原宿駅前に出店した。セレブのような特別の顧客には〝こむさ庵〟と呼ばれる店長室兼カスタマーサロンで個別に接客、対応をするという。

顧客サービスという分野において、日本的なおもてなしの心を大切に勝負するという戦略は、元来欧米発のファッションという分野で日本人が挑戦してきたものであり、日本のアイデンティティを強化したブランド戦略ともいえよう。

顧客サービスをコア・コンピタンス（core competence：「企業の中核的な力」で、他社にはまねのできない自社ならではの価値を提供する能力のこと）とする百貨店もサロンを設けてのＶＩＰ対応やシーズンの先行販売会、サンプルを使用しての先行受注会、デザイナーとの交流パーティーなどの仕掛けを行っている。

これら顧客サービスの分野はよりパーソナルでエモーショナルな方向へと進化しているのだ。そしてブランドとの双方向関係構築の経験を増すたびに、心理に刻まれ、ブランドのファンとなっていく。ブランド・ビジネスにおいてより重要度が増すのは間違いないだろう。

その関係構築過程でＩＴがインフラとして存在感を増している。そして同時にいえることは、ＩＴがいくら進化しても、作り手、仕入れ手、買い手はあくまで人であり、フェイス トゥ フェイスの生のエピソードが、その商品のストーリー性や付加価値を高めることだ。ＩＴが膨大な情報を流出入する中、フェイス トゥ フェイスの重要性を再確認し、よりよい顧客サービスを模索し続けているのが、現代のブランド・ビジネスであ

ろう。

## BRAND 10 ▽ 高みを降りない法則

第1章〈セカンドライン禁止の法則〉（p51、55）で述べたような環境下、自己のデザイナーとしての高みを追究しながら、同時に顧客への共感を並視し売上を作る。自己のブランドを持つデザイナーの挑戦には終わりがない。

そしてマーケティング概念をファッションに持ち込んだニューヨークにおいて、コレクションライン、ブリッジラインの下に位置するベターラインに対するデザイナーの動向が注目を集めている。ルイ・ヴィトンのデザイナー（正確にはアーティスティック・ディレクター）で自身のブランドも持つマーク・ジェイコブスやマイケル・コース、カルバン・クライン等、名だたるラグジュアリーの高みを闊歩するデザイナーが、マスへ近づくべくベターライン市場に参入しようとしているのだ。

セカンドラインやカジュアルラインを、より価格視点で区分する名称もある。ファッションショーによるコレクションを展開し、アパレルのトップに君臨した最高価格帯がコレクションラインであり、それに続いてブリッジライン、ベターライン、モ

デレートライン、ボリュームラインと次第に価格帯が下がる。グレードの差であり、呼び名や定義はブランドによって微妙に異なる。

ベターだとかブリッジといった区分けは無意味であり、あるデザイナーが、ある範囲の価格でアイテムをデザインするだけのことという考えもある。ともあれ、グレードの目安となり、米国百貨店のフロア配置の根本となっていた。

現在の、さまざまなデザイナーによるベターライン市場参入が目論まれる前、1980年代から1990年代半ばまでデザイナービジネスの中枢となっていたのはブリッジラインである。

ブリッジラインは名のとおり、コレクションラインとベターラインの橋渡しとして1980年代に登場した。ブリッジラインの分野を開拓してきたアン・クラインⅡをはじめ、DKNY、ラルフ、ckカルバン・クライン等のブリッジラインブランドは、それぞれのコレクションブランドであるアン・クライン、ダナ・キャラン、ラルフ・ローレン、カルバン・クラインがイメージ重視なのに対し、売り重視でありドル箱であった。日本でも1980年代に青春を謳歌した世代は懐かしさすら感じるのではないか。

NYの働く女性、キャリアウーマンのワードローブとして脚光を浴び急成長を遂げたのだ。しかし、1990年代後半に約10年間にわたり米国婦人市場をリードしてきたブ

リッジラインは苦戦を迫られる。

キャリア向けにデザイナー感性の婦人服をコレクションラインの半値で提供するとスタートしたブリッジラインだが、企画よりブランド依存が強くなりユニークさが欠如する、価格の上昇、ブリッジラインの半値のベターラインに人気が流出、中心顧客が50代を迎えファッション製品を買わなくなる、デフレによる単価のダウン等、さまざまな理由で下降線を辿るのを余儀なくされたのだ。

これらのブランドはさまざまなライン設定やブランド名称の変更を試行錯誤しながら現在に至っている。

現在、動向が活発化しているのはベターラインである。ベターラインを好む顧客は、むやみに高いお金を払いたくないが、クオリティ、デザインには高品質を求めるという人たちだ。

デザイナーがコレクションラインやシグネチャーライン（コレクションと同テーマで製作された、ファッションショーには登場しないがコーディネートできる商品ライン）、ブリッジラインだけをデザインするべきだという考えは過去のものとなり、新たな市場への挑戦が活気づいている。

ベター市場の何が魅力で、デザイナーが名乗りを上げているのか。それは売上高の大

幅増である。

あらゆる物価が下がり、高価格帯製品だけでは経営が厳しい状況下、ベター・カジュアル市場への参入は魅力的である。自己のクリエーションでコレクションを展開し、高価格の価値を認めてくれる顧客を獲得するのは、一握りのデザイナーだけが許された実力ならではの特権だが、それはごく限られた市場である。ベターやモデレートのカジュアルウェア市場のほうが、コモディティー寄りの市場であり、はるかに多くの消費者を獲得できる。市場の規模が違うのだ。

ベター市場進出には当然リスクがともなう。売上の拡大は見込めるだろうが、それまでの愛顧顧客の認識に変化をきたす。一朝一夕では築くことのできないプレステージ性の欠落志向は余儀なくされるだろう。ライセンス・ビジネスにより、ブランドイメージが拡散し、ライセンスをやめたブランドも多い。愛顧顧客を納得させる、明確な相違が必要なのかもしれない。

ルイ・ヴィトン、エルメス、シャネル等のラグジュアリーブランドは、大いなる歴史という武器を背景に絶対に高みから降りようとしない。ライン増加による売上拡大を図らないつわものたちである。キング・オブ・ハイヒールで名声を欲しいままにするマノロ・ブラニクは、日本で購入すると8万円以上のシューズが多々並ぶ。世界中のセレブ

がマノロを履き、若くて手が出ない女性の心も離さない。片や、国産と高級インポートの間をつなぐインポート雑貨のブランドの勢いが急進的である。

代表的なブランドはコーチやロンシャンである。

特にコーチは元気があり、２００３年４月にオープンしたコーチ渋谷店のプロモーションが記憶に新しい。渋谷駅前の大ビジョン３台を含む10ビジョンで放映されるキャンペーンビジュアル、２カ所のビルボードでの広告、公園通りを中心とした２６８枚ものストリートフラッグ、さらに渋谷を中心に徘徊する広告ラッピングバスと渋谷の街中がコーチ一色となった。２００２年５月にオープンした銀座店も好調だという。

ロンシャンも同様に好調で、青山、銀座と路面店をオープンさせている。これらのブランドの特徴は、国内のブランドより高く、他のインポート高級ブランドよりも低いという価格設定で、商品の大半が４～５万円の間であるという。もちろんそれだけではなく、ファッション性、ほどよいトレンド性、機能も持ち合わせている。

これらから、それぞれのブランドのポテンシャルとポジショニングを明確にしたうえでの戦略がブランド・ビジネスでは重要であるといえるだろう。今後の幾方向にも分かれるブランド戦略を注目したい。

# BRAND 11 ▽ 歴史を重んじる法則

ファッションの都、パリ。洗濯物を窓から外に干してはいけないというほど美観に対する意識の高い国民性であるセピア色のパリ。この街がいかにファッションの都と呼ばれ、あらゆる国からデザイナーの才能を吸引し、ファッションブランドの創出を演出するに至ったのか、少し歴史を振り返る。現状のファッションブランド・ビジネスの立ち位置を認識し、今後の方向性を見出し続けるためにも、最後に振り返りたい。

1900年のパリ万国博覧会は産業、文化発展の成果を凝縮したものであり、現代の大衆消費文化形成にもいろいろな分野において大きな影響を与えてきた。ファッションの世界でも同様であり、「エレガンス館」でウォルト、ドゥーゼ等選ばれたモードハウスが舞台女優をモデルに起用し豪華な作品を披露したことから、以来20世紀のファッションの中心地はパリとなり、デザイナーたちの台頭によりパリの名声は高まった。

ファッションの街＝パリという性格を決定づけたことは、当時のパリの女性たちにとって大きな影響と誇りを植えつけたのではないか。そしてその誇りは今日のフランス人のDNAにもくっきりと刻み込まれている。日本人が大和魂と聞いて、何かを感じるよ

うなものだろうか。1940年代のパリジェンヌはどれほど物資が不足し、どんなに法律が厳しかろうと、第二次世界大戦中であっても、世界のベストドレッサーを自認してはばからなかったという。それには理由があった。

第二次世界大戦中、ナチスを率いるヒトラーは、あらゆる施設の中でもっともフランス的であるといえるオートクチュールをベルリンやウィーンに移そうと企んでいたからである。パリジェンヌたちは「誰よりも無から何かを生み出せる」とデモを繰り返し、その運動が自信あふれたドイツの占領軍兵たちにも、街のエスプリまではそうたやすくほかの街に移すことはできないと理解させるほどであったという。結果、ナチスはファッションの都を遷都することをあきらめ、クチュール会長のリシュアン・ルロンはパリの豪華産業を守り切ることに成功した。その後、パリはファッションの中心地として現代までその地位を不動のものとしている。

その欧米文化の中で育まれたファッションの世界に日本人が一石投じるかたちで参入するのが1970年代以降であり、高田賢三、三宅一生、山本耀司、川久保玲（コム デ ギャルソン）といったデザイナーである。

身体にぴったりした透明なデザインで女性らしさを見せるという、人間の身体そのものを芸術作品に仕上げるという欧米ファッションに対し、「隠す美しさ」を主張し、人体

を異質なものと遠ざけながら、人体に変化を与え新たなプロポーションを創作するという、いわゆる伝統的な着物の幾何学的なかたちに由来する東洋のファッションを発信した。日本の歴史を振り返ってみると、なるほど、十二単や着物など、人体からかけ離れた容姿が多いことは想像に易い。

彼らの共通の根底精神は欧米の悪趣味で行き過ぎたファッションへの洗浄効果の意思であるといわれ、既成の価値を見直すというものであった。最初は当然手ひどい批判を受け、当時1980年代に入り、健康ブームやフィットネスで自分の身体を磨くことに一生懸命であった欧米の女性には忌み嫌われるものであったが、芸術家やメディアは徐々に賛辞を送るようになり、現代でもパリ・コレクションの代表デザイナーとしての地位を継続しながら、欧米ファッションへの挑戦を続けている。これらのブランドは日本を始め、世界中に信者的顧客を多数保持し、彼らのコレクションのファンである海外デザイナーも多い。

三宅一生や山本耀司、川久保玲の洋服を見ても、こんな洋服は普段着られないだろうというようなバルーン型であったり三角であったり、コブがついていたり、人によっては一見理解に苦しむものがあるのもたしかかもしれない。しかし、その製作意図の根本精神には熱い想いがあることは誰でもわかるのではないか。

洋服文化に後発的な日本人デザイナーの挑戦は終わらない。

山本耀司は自身のブランド（ヨージヤマモト）のプレタポルテ・コレクションを、オートクチュールもプレタポルテも何も変わらないと時期を2カ月早めオートクチュールの時期に開催した。タブーであるブラック・ウエディングドレスの発表等、さまざまな既成に捉われない挑戦を続けているが、最近ではスポーツブランドのアディダスとコラボレートしたブランド、Y－3が注目を浴びている。

同じくスポーツブランドのプーマがジル・サンダーやニール・バレットと組んで商品化したスニーカーや、ヨージヤマモトとアディダスのスニーカー等、スニーカーを中心とした一部分でのコラボレートはここ数年積極的に展開されてきたが、新しいコラボレートブランドを誕生させるという大きな潮流にまで達している。

コム デ ギャルソンの川久保玲は、伊勢丹メンズ館にオープンしたコラボレーションショップで、「アンダーカバー」などのストリートブランドも取り込んだ『コーナー・コム デ ギャルソン』や、ファッション関係者ならかならず行くというパリのセレクトショップ「コレット」とのコラボレートで、南青山の骨董通りに期間限定でオープンした『コレット・ミーツ・コム デ ギャルソン』など、変化に挑戦し続けるショップ作りの手を休めない。

当然、熱い想いと挑戦は日本だけでなく、欧米を中心に世界中で継続されているのだ。

このようなブランドの意思と驚き、歴史的ストーリーは顧客を魅了する。顧客はファンとなり、ブランドを多角的な視点で知りたいのだ。その顧客を相手に、さまざまなブランドが登場し、淘汰され、生き残り、現代に至っている。

ルイ・ヴィトンのパリ万国博覧会以前から生命を営んできた153年という長い歳月は一朝一夕では成り立たない財産である。今後もどのような物語を発信していくのか。ブランドの躍進に期待する。

# おわりに

本書は、前著となる長沢伸也著『ブランド帝国の素顔　ＬＶＭＨ　モエ　ヘネシー・ルイヴィトン』（日本経済新聞社、２００２年）のいわば続編にあたる。この前著は１万６０００部を売り上げ、青山ブックセンターが選ぶ２００３年１月の文庫ベスト10にも入った。また、中国語版も台湾で出版された。

同書の出版を機に、『フジサンケイ　ビジネスアイ』や『週刊エコノミスト』等に寄稿依頼を受けたり（参考文献に列記）、毎日テレビ『ＶＯＩＣＥ』「神戸に巨大ブランド店」（２００２年11月25日放送）、Ｊ―ＷＡＶＥ『カラーズオブライフ』「世界のスーパーブランドの秘密」（２００２年11月30日放送）、ＴＯＫＹＯ　ＦＭ『立花裕人』「あのブランドの秘密」（２００３年２月21日放送）に出演する機会も得た。また、日本マーケティング協会やファッションビジネス学会等の学協会で講演する機会も得た。

しかし、これらマスコミでコメントを求められたり、寄稿や講演の依頼を受けたのは、同書で10ページほどしかページを割かなかったルイ・ヴィトンのことばかりであった。

「不況でデフレの日本にあって値上げを繰り返すのはなぜか?」という問いに対して、「ユーロ高に連動した適正価格の法則を貫いただけ」とか、「バーゲンシーズンにはバーゲンしないのか?」という問いに対して「150余年の歴史で一度もバーゲンしたことがないというバーゲン禁止の法則がある」というコメントを繰り返し述べた。ここに、世間で関心があるのはLVMHやディオール、ジバンシィ、経営者アルノーではなく、ルイ・ヴィトンであり、同時にその経営がほとんど知られていないことに気づいた。

特にこれらマスコミの取材で、インタビュアーの興味を引いたのが「日本がルイ・ヴィトンに影響を与えている」というコメントであった。日本人、とりわけ若い女性のルイ・ヴィトン好きはみなが承知しているし、その解説もたびたび見かける。しかし、ルイ・ヴィトンを受け入れるだけではなく、日本市場や日本におけるビジネスがルイ・ヴィトンに与えた影響や、あるいは両者の間の相互作用はあまり指摘されていない。具体的には、

①ラグジュアリーブランド・ビジネスの主戦場は日本であり、ルイ・ヴィトンはその覇者であること、大きな割合を占める日本での売上や海外でも日本人による売上が持ち株会社LVMHの屋台骨であり、M&Aの資金を支えていること

②コラボレーション・デザイナーとして日本の村上隆が桜の花に続いてサクランボをデザインするという特別の扱いを受けていること

③ルイ・ヴィトン ジャパンの秦郷次郎・元社長が日本で行った価格と流通をコントロールするという方式が、グローバルなルイ・ヴィトンのビジネスモデルに応用されていること

④日本を中心とするアジアでの贋物対策が知財戦略上、きわめて重要であること

の4点である。

なお、LとVのモノグラム（組み文字）やダミエ（市松模様）が日本の家紋に由来しているとされ、日本人のDNAに働きかけているのが日本人に特に好まれる理由とされる説をしばしば見聞きするが、ルイ・ヴィトンの公式見解としてはこれを認めていないので、本書でも〈ジャポニズムの法則〉のような法則として挙げるのは遠慮している。

しかし、前著では以上のような日本とルイ・ヴィトンとの間の相互作用はわずかに触れたのみであった。

本書は、ルイ・ヴィトン社を取り上げ、知られざるマーケティング戦略とともに、いままでに指摘されていない日本との相互作用を分析し、日本にとってのルイ・ヴィトンとともに、ルイ・ヴィトンにとっての日本を明らかにすることを試みるものである。

世の中はブランドブームで、ブランド関係の経営書も多く刊行されており、コカ・コーラ、マクドナルド、ソニーなどを扱っているが、しかしこれらはブランドといってもマ

ス・マーケティングの別名である。さらに、そこではブランド拡張理論等が唱えられており、ファッションブランドでいえば、バスタオルやトイレスリッパに至るまでライセンスで拡張しているフランスの有名ブランドや日本の有名ブランドはその典型になるが、そのブランドイメージは地に堕ちている。ひるがえって、ルイ・ヴィトンには〈ライセンス禁止の法則〉（第1章、p59）がある。このように、従来のマーケティング理論やブランド理論のほとんど逆張りを行っているルイ・ヴィトンから学ぶことは多い。

本書は、そのマーケティング戦略を4P（製品・価格・流通・販促）とブランドの観点ごとに分析し、一般消費財とは異なるブランドマーケティングの法則ないしは原則を抽出することを試みたものである。

出版にあたっての準備や進捗およびヒアリングなどの企画・調整は長沢があたり、ヒアリングの内容や提供いただいた資料を中心に長沢と執筆者である大泉と前田が分析しているが、原稿を互いに交換して加筆修正を加えているので、分析内容は編著者と執筆者2名が等しくその責めを負っていることはいうまでもない。中には、ページ数の制約や諸般の都合で割愛せざるを得なかった法則やエピソードもあった。ご容赦願いたい。

執筆者のうち、大泉賢治は早稲田大学ビジネススクール（経営専門職大学院）の修了生であるが、専修（コース）の制約で長沢プロジェクト研究（ゼミ）の修了生ではない。

しかし、前著を読み、長沢が続編を書く際には手伝わせてほしいと立候補して今回の執筆者となった。また、前田和昭は長沢の立命館大学勤務時代のゼミ生であり、前著でもお手伝いいただき、今回は著者として加わってもらった。このように、前著とは内容だけでなく、執筆者もつながっていることになる。

本書の出版は、長沢としては51冊目にあたる。また、早稲田大学および立命館大学の長沢ゼミの修了生・関係者との共著としては11冊目にあたり、人のつながりに心より感謝したい。また、フランス語のチェックと原稿や資料の整理をしていただいた研究室秘書の黒岩由佳嬢に厚く御礼申し上げる次第である。

最後に、本書は、元・繊研新聞取締役編集主幹、現ファッション・ビジネス総合研究所主宰の松尾武幸氏よりご紹介をいただいた東洋経済新報社出版局編集第三部の清末真司部長と岡田光司氏のご尽力により形となった。ここに厚く御礼申し上げる。

本書をビジネスパーソンの実務や研鑽に役立てていただけたら、望外の幸せである。

２００７年梅雨明け間近の吉日　都の西北にて

編著者　長沢伸也

# 参考文献

・Aaker, D.A.: *Building Strong Brands*, The Free Press, 1996（陶山計介・小林哲・梅本春夫・石垣智徳訳『ブランド優位の戦略――顧客を創造するＢＩの開発と実践』ダイヤモンド社、１９９７年）
・Aaker, D.A.: *Managing Brand Equity*, The Free Press, 1991（陶山計介・中田善啓・尾崎久仁博・小林哲訳『ブランド・エクイティ戦略――競争優位をつくりだす名前、シンボル、スローガン』ダイヤモンド社、１９９４年）
・Aaker, D.A. and E.A. Joachimstaler : *Brand Leadership*, The Free Press, 2000（阿久津聡訳『ブランド・リーダーシップ――「見えない企業資産」の構築』ダイヤモンド社、２０００年）
・Arnault, B.（Entretiens avec Y. Messarovitch）: *La Passion Creative*, Plon, 2000（杉美香訳『ブランド帝国ＬＶＭＨを創った男　ベルナール・アルノー、語る』日経ＢＰ社、２００３年）
・Gerschel, S.: *Louis Vuitton : Icons*, Assouline, 2006.
・Marchand, S.: *Les Guerres du Luxe*, Librarie Artheme Fayard, 2001（大西愛子訳『高級ブラン

ド戦争――ヴィトンとグッチの華麗なる戦い』駿台曜曜社、２００２年）

・Paul-Gérard Pasols (translated by Lenora Ammon) : *Louis Vuitton : the birth of modern luxury*, Éditions de La Martinière(Paris), 2005.

・淺羽茂・新田都志子『ビジネスシステム レボリューション――小売業は進化する』ＮＴＴ出版、２００４年

・大島幸治『ファッション・クリエイションのひみつ』東京堂出版、２００５年

・小島健輔『ファッションビジネスは顧客最適へ動く――企業最適との両立と独占ポジションを探る』こう書房、２００３年

・堺屋太一と東京大学堺屋ゼミ生『どうして売れる ルイ・ヴィトン』講談社、２００４年

・佐々木明『類似ヴィトン――巨大偽ブランド市場を追う』小学館文庫、２００１年

・須藤実和『実況ＬＩＶＥ マーケティング実践講座』ダイヤモンド社、２００５年

・戸矢理衣奈『エルメス』新潮新書、２００４年

・長沢伸也『おはなしマーケティング』日本規格協会、１９９８年

・長沢伸也『ブランド帝国の素顔 ＬＶＭＨ モエ ヘネシー・ルイ ヴィトン』日本経済新聞社、２００２年（中国語版：鄭雅云・劉錦秀譯『ＬＶ時尚王國――全球第一名牌的購併與行銷之祕』商周出版（台北）、２００４年）

・長沢伸也「ヨーロッパ高級ブランド世界戦略の中での日本」『化粧文化』第43号、ポーラ文化研究所、68－73ページ、２００３年

・長沢伸也「ラグジュアリー・ブランドのグローバル戦略と日本市場――巨大ブランドビジネスの行方」『INTELLIGENCE＋1』第93号、オンワードファッションシステム、1－11ページ、2003年
・長沢伸也「高級ブランド世界戦略の中での日本」『フジサンケイビジネスアイ』平成16年4月7日付7面、日本工業新聞社、2004年
・長沢伸也「ブランドマーケティングの法則――ルイ・ヴィトンにみる」『フジサンケイビジネスアイ』平成16年9月18日付19面、日本工業新聞社、2004年
・長沢伸也「グッチ争奪戦とライブドア騒動」『フジサンケイビジネスアイ』平成17年5月12日付9面、日本工業新聞社、2005年
・長沢伸也「ルイ・ヴィトンが日本で新・拡大戦略を開始した」『週刊エコノミスト』2007年3月13日号、毎日新聞社、68－70ページ、2007年
・長沢伸也・榎新二『ヒット商品連発にみるプロダクト・イノベーション――キリン「ファイア」「生茶」「聞茶」「アミノサプリ」ブランド・マネジャーの言葉に学ぶ』晃洋書房、2006年
・長沢伸也・川栄聡史『キリン「生茶」・明治製菓「フラン」の商品戦略――大ヒット商品誕生までのこだわり』日本出版サービス、2003年
・長沢伸也編著、早稲田大学ビジネススクール長沢研究室（入澤裕介・染谷高士・土田哲平）共著『老舗ブランド企業の経験価値創造――顧客との出会いのデザイン マネジメント』同

友館、２００６年
・長沢伸也編著、早稲田大学ビジネススクール長沢研究室（藤原亨・山本典弘）共著『経験価値ものづくり――ブランド価値とヒットを生む「こと」づくり』日科技連出版社、２００７年
・西尾忠久『ルイ・ヴィトン――ルイ・ヴィトンの秘密と全製品カタログ』グラフ社、１９７９年
・秦郷次郎『私的ブランド論――ルイ・ヴィトンと出会って』日本経済新聞社、２００３年
・平山弘『ブランド価値の創造――情報価値と経験価値の観点から』晃洋書房、２００６年
・三田村蕗子『ブランドビジネス』平凡社新書、２００４年
・山田登世子『ブランドの世紀』マガジンハウス、２０００年
・山田登世子『ブランドの条件』岩波新書、２００６年
・『FASHION NEWS』Vol.119, ２００７年１月号（２００７春夏パリ・ロンドン特集）、ＩＮＦＡＳパブリケーションズ、２００７年
・『FASHION NEWS』Vol.123, ２００７年５月号（２００７－08秋冬ミラノ・ニューヨーク特集）、ＩＮＦＡＳパブリケーションズ、２００７年
・『WWD FOR JAPAN ALL ABOUT 2006-2007 A/W』ＩＮＦＡＳパブリケーションズ、２００６年
・『WWD FOR JAPAN ALL ABOUT 2007 S/S』ＩＮＦＡＳパブリケーションズ、２００７年

ポシェットなどのベルトやストラップを通す穴はループという。

■Wファスナー

向かい合うように二つのファスナーがついているもの。